中等职业教育渔业类专业教材

# 淡水养殖技术

宋明江　邓　松　主编

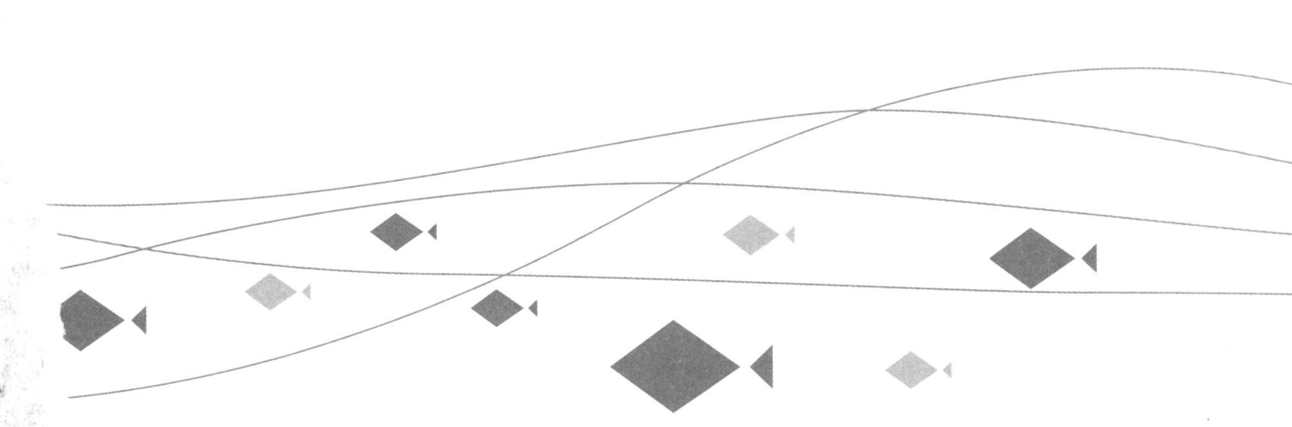

中国轻工业出版社

图书在版编目（CIP）数据

淡水养殖技术 / 宋明江，邓松主编．—北京：中国轻工业出版社，2022.3
ISBN 978-7-5184-3871-6

Ⅰ.①淡… Ⅱ.①宋… ②邓… Ⅲ.①淡水养殖—中等专业学校—教材 Ⅳ.①S964

中国版本图书馆CIP数据核字（2022）第011394号

责任编辑：贾　磊　　责任终审：劳国强
整体设计：锋尚设计　　责任校对：宋绿叶　　责任监印：张　可

出版发行：中国轻工业出版社（北京东长安街6号，邮编：100740）
印　　刷：三河市国英印务有限公司
经　　销：各地新华书店
版　　次：2022年3月第1版第1次印刷
开　　本：787×1092　1/16　印张：5.5
字　　数：100千字
书　　号：ISBN 978-7-5184-3871-6　定价：22.00元
邮购电话：010-65241695
发行电话：010-85119835　传真：85113293
网　　址：http://www.chlip.com.cn
Email：club@chlip.com.cn
如发现图书残缺请与我社邮购联系调换
210467J3X101ZBW

# 本书编写人员


主　编　宋明江　邓　松

副主编　王　博　罗森中　韩建琼

参　编　韩绍华　向　锋　侯华欣

　　　　邱傲竹　龚　霞

# 前 言

淡水养殖在我国有悠久的历史，在改变农村经济结构、促进我国经济发展、改善人民生活质量方面发挥了重要作用。特别是在我国改革开放以来，淡水养殖业进入了新纪元，养殖鱼类增多，养殖面积扩大，养殖防治不断创新。科学技术的进步和渔业生产规模的扩大，使我国淡水养殖业得到空前发展，水产品总量和淡水鱼产量居于世界首位。目前，我国淡水养殖业正向着无公害养殖和健康养殖方向发展。

本教材以项目为引导，围绕中华鳖、草鱼、鲢鱼等主要水产的养殖，先介绍实现任务的相关知识，再介绍实现任务的整个过程，力求符合学生认知规律，采用图文并茂的方式，尽可能展现知识点，可读性大大提高。本教材内容共分六个项目，分别重点介绍了主要鱼类的生物学特性及生活习性、人工繁殖技术、养殖技术、常见疾病及其防治的关键技术和生产任务。

本教材由宋明江、邓松担任主编，由韩建琼、韩绍华负责统稿。具体编写分工：项目一水产动物养殖环境由宋明江、邓松编写；项目二中华鳖养殖技术由邓松、王博、向锋编写；项目三草鱼养殖技术由宋明江、邱傲竹编写；项目四鲢鱼养殖技术由宋明江、罗森中编写；项目五鳙鱼养殖技术由邓松、龚霞编写；项目六鲤鱼养殖技术由宋明江、侯华欣编写。

本教材通俗易懂、简洁实用，除作为中等职业院校渔业类专业学生教材外，也可作为广大水产养殖户的技术培训教材。

由于编者水平有限，本书的错漏之处在所难免，敬请各位专家指正，以便进一步修正。

编者

2021年10月

# 目　录

# 项目一　水产动物养殖环境

**项目目标**

1. 掌握必备的淡水养殖生产理论知识、生产流程、应用知识和注意事项。
2. 理解水产动物养殖场的环境建设条件。
3. 掌握水产动物的养殖环境和水质改良技术。
4. 树立热爱农业、热爱家乡的情怀和服务“三农”的责任感；树立绿色发展、珍爱生命的理念；树立振兴淡水养殖产业的志向。

## 任务一　水产动物养殖场的环境建设

### 任务目标

知识目标

（1）了解水产动物养殖场的地形地势。

（2）理解水产养殖场的道路交通、电源、土地土壤等。

（3）掌握水源选择的要点及气候影响因素。

能力目标

（1）能进行水产动物养殖场地形、地势的选择。

（2）能把握水产养殖场的道路交通、电源、土地土壤等的环境控制。

（3）能选择水源和依据气候选择品种。

## 任务准备

### （一）知识要点

建设科学合理的养殖场时，选址不仅要考虑地势、地形、水源、土壤、地方性气候等自然条件，还要兼顾生产需要、饲养管理模式、养殖规模化水平等特点，同时考虑居民的消费观念、消费水平、地方资源的综合利用、渔业发展特点等因素。

#### 1. 地形地势

养殖场的地势选择，一般选择地势较高、开阔、向阳、通风的地段。地势较高，主要考虑到进排水利用天然高程，减少能耗，同时，地势较高可较好地抵御洪水侵扰；开阔主要有利于养殖场地的建设、交通道路、管理、饲料房屋建设；向阳主要是利于鱼类及其他水生生物生长。另外，养殖场地应该建设在地质较为稳定的区域，防止泥石流、滑坡等造成人员、养殖基地损失。

#### 2. 水源

水产养殖离不开水源，一般选择靠近水源的区域作为养殖场地。水源的选择还要考虑如下几个要点：

（1）水源水质要良好，不能选择污染水体作为水源；

（2）要考虑水源的持续性，最好能保证一年四季水源充沛；

（3）要考虑到水源成本，水源以依据地形优势自然流入最好，这样可较好地节省成本，依靠泵站、地下深井的水源地则能耗较高，可作为备选方案。

#### 3. 道路交通

养殖场地的交通主要考虑两个方面：

（1）作为鱼苗、饲料、成鱼运出的通道，通常要根据场地条件、养殖规模规划好道路，根据运输货车的规格来具体确定宽度；

（2）作为饲料投喂和日常管理道路，应考虑投喂时三轮车等通行宽度，同时也要考虑鱼类捕捞的方便性。

4. 电源

电源是水产基地的一个重要因素，除了常规的管理照明外，还要考虑突发停电时增氧机供电。电源要考虑电源稳定性（尽量不停电）、供需荷载（满足养殖场运行负荷）等因素，高密度养殖水产基地还要自行准备1～2台发电机，以应对临时停电和突发断电的基地运转。

5. 土地和土壤

土地和土壤没有特别的要求，主要是周边土地土壤不能有不符合养殖标准的化学元素、重金属污染的情况。

6. 气候

气候对水产养殖有较大的影响。通常根据当地多年气候状况来选择水产养殖的主打品种，如在四川攀枝花市等气候偏热的地方，考虑养殖偏热水性鱼类（如罗非鱼等）；在四川雅安市的山区主要考虑养殖裂腹鱼等冷水性鱼类。当然，如果养殖场地已经确定时，可根据气候来确定适宜的养殖品种，也可以构建大棚或控温设施来减少外界影响。

### （二）工具与材料

（1）笔、笔记本。

（2）可以录像、拍照的设备。

## 训练任务

### （一）任务安排

分组，以学习小组进行分区参观、学习等。在参观过程中，组内讨论，组间交流，老师讲解和总结。

### （二）任务要求

（1）提前熟悉相关知识。

（2）重点掌握水源选择的要点及依据气候选择品种等。

## 思考与练习

（1）如何根据场址建设环境需求进行水源选择？

（2）如何根据气候选择合适的品种？

## 考核评价

水产动物养殖场环境建设学习和实操任务考核评价内容和评分标准见表1-1。

表1-1　水产动物养殖场环境建设学习和实操任务考核评价表

| 考核项目 | 内容 | 分值 | 得分 |
| --- | --- | --- | --- |
| 技能操作（以小组为单位考核）（50分） | 了解当地淡水养殖产业现状及意义 | 10 | |
| | 掌握场址建设环境要求中水源选择的要点，并依据气候选择品种（笔记记录或照片记录） | 40 | |
| 学习成效（25分） | 拓展作业 | 5 | |
| | 实习小结 | 5 | |
| | 物候期实习记录表 | 5 | |
| | 实习总结 | 5 | |
| | 小组总结 | 5 | |
| 思想素质（25分） | 安全规范生产 | 5 | |
| | 纪律出勤 | 5 | |
| | 情感态度 | 5 | |
| | 团结协作 | 5 | |
| | 创新思维（主动发现问题、解决问题） | 5 | |
| 合计 | | 100 | |
| 评价人员签字 | 1. 任课教师：　2. 实习指导教师：<br>3. 专业带头人：　4. 园区（企业或行业）技术员： | | |

备注：严禁损坏场区财物及产品，如有损毁，视情节和态度扣除个人成绩20～40分，小组成员同时扣除安全生产及团结协作成绩，情节严重的将按照相关处理办法进行违纪处理。

# 任务二　养殖场水质调控

## 任务目标

### 知识目标

（1）掌握水产动物养殖场水质控制的来源。

（2）掌握水产动物养殖场水质控制的去路。

### 能力目标

（1）能进行水产动物养殖场地改善水体的品种选择及投喂。

（2）能把握水产养殖场改善水体稀释水体营养元素及生物转化。

（3）能够选择水源和依据气候选择品种。

## 任务准备

### （一）知识要点

控制水体水质的方法多种多样，从宏观上看，水质调控可以从来源、去路进行控制。

1. 来源

对于养殖场来说，除去养殖土壤、水体等环境本身重金属、氮、磷等超标，养殖过程中产生的氮磷超标是水体营养超标的重要因素。因此，水质调控可以考虑从来源上严格控制影响水质的氮、磷等输入。

（1）通过养殖品种的生长需求，合理选择饲料配比，以便更好地吸收利用而尽可能少地排入养殖水体。

（2）可以通过改善投喂方式（根据养殖品种摄食节律投喂，通过饵料台查看投喂量是否合适）、控制饲料形状（尽可能少散落、溶解在水中），减少饲料残饵对水环境的影响。

2. 去路

从去路控制水体水质也是一种方法，主要是通过减少养殖水体中的营养元素进行调控。常见的方法有如下两种。

（1）稀释养殖水体营养元素浓度，如通过勤换水降低水体中的营养元素浓度，流水养殖因为换水频率较高，通常不会制约养殖水体。

（2）通过生物转化将水体中的过量营养元素带离养殖水环境体系，池塘通常采用鱼菜共生的方式利用水生植物（空心菜、草莓等）将过剩的氮磷等营养元素通过根系吸收、光合作用等过程转化成植物的营养，从而脱离水环境体系，减少水体营养元素浓度。

### （二）工具与材料

（1）笔、笔记本。

（2）可以录像、拍照的设备。

（3）一次性塑料杯、pH试纸等。

## 训练任务

### （一）任务安排

分组，以学习小组进行水质查看及简单检查等。在实践过程中，组内讨论，组间交流，老师点评和总结。

### （二）任务要求

（1）提前熟悉相关知识。

（2）重点掌握水体稀释水体营养元素及生物转化方法。

## 思考与练习

（1）从来源、去路方面分析水产养殖中如何改良养殖场水质。

（2）叙述鱼菜共生改良水质技术。

## 考核评价

养殖场水质调控学习和实操任务考核评价内容和评分标准见表1-2。

表1-2　养殖场水质调控学习和实操任务考核评价表

| 考核项目 | 内容 | 分值 | 得分 |
|---|---|---|---|
| 技能操作（以小组为单位考核）（50分） | 了解当地淡水养殖产业现状及意义 | 10 | |
| | 掌握淡水养殖场水体稀释水体营养元素及生物转化的具体方法 | 40 | |
| 学习成效（25分） | 拓展作业 | 5 | |
| | 实习小结 | 5 | |
| | 物候期实习记录表 | 5 | |
| | 实习总结 | 5 | |
| | 小组总结 | 5 | |
| 思想素质（25分） | 安全规范生产 | 5 | |
| | 纪律出勤 | 5 | |
| | 情感态度 | 5 | |
| | 团结协作 | 5 | |
| | 创新思维（主动发现问题、解决问题） | 5 | |
| 合计 | | 100 | |
| 评价人员签字 | 1. 任课教师：　　2. 实习指导教师：<br>3. 专业带头人：　　4. 园区（企业或行业）技术员： | | |

备注：严禁损坏场区财物及产品，如有损毁，视情节和态度扣除个人成绩20～40分，小组成员同时扣除安全生产及团结协作成绩，情节严重的将按照相关处理办法进行违纪处理。

# 项目二　中华鳖养殖技术

**项目目标**

1. 掌握淡水养殖生产的理论知识、生产流程、应用知识和注意事项。
2. 理解中华鳖的生物学特性及生活习性。
3. 了解中华鳖的品种分布情况。
4. 掌握中华鳖苗种培育技术。
5. 掌握成年鳖的养殖技术关键点。
6. 掌握中华鳖常见的疾病诊断及防治方法。
7. 树立热爱农业、热爱家乡的情怀和服务“三农”的责任感；树立绿色发展、珍爱生命的理念；树立振兴淡水养殖产业的志向。

## 任务一　中华鳖的生物学特性及生活习性

### 任务目标

知识目标

（1）了解中华鳖的生物学特性知识。

（2）了解中华鳖的生活习性知识。

能力目标

（1）掌握中华鳖的生物学特性。

（2）掌握中华鳖的生活习性。

## 任务准备

（一）知识要点

### 1. 中华鳖的生物学特性

中华鳖（*Trionyx sinensis*）属脊索动物门爬行纲龟鳖目鳖科中华鳖属，其躯体为扁平椭圆形，背腹两面具甲。全身被革质皮肤包被，体色常常为较均匀的浅色。头部粗大似三角形，脖颈细长，肌肉发达，伸缩灵活。吻呈管状、延长，其上有肉质吻突，鼻孔位于吻前端。口无齿，口裂较大。眼较小，分布于两侧，视觉敏锐。背甲暗绿色或黄褐色，周边为肥厚的结缔组织，俗称“裙边”。腹甲灰白色或黄白色，平坦光滑，由上腹板、内腹板、舌腹板与下腹板联体及剑板共7个胼胝体组成。四肢扁平，四肢均可缩入甲壳内，前后肢各有5趾，趾间有蹼（图2-1）。

图2-1　中华鳖

### 2. 中华鳖的生活习性

中华鳖能在陆地上爬行，也可在水中游泳，自然情况下栖息于江河、湖泊、水库的缓流水区域，主要是便于获取食物，减少游泳的能量消耗。中华鳖虽然属爬行类动物，但不能长期远离水源。中华鳖为变温动物，体温受到环境影响可发生变化，在20℃以下活动减少，甚至开始休眠，25～30℃为适宜温度，该区间内温度越高活动和摄食越频繁，温度超过30℃则活动减少，甚至死亡。在安静、清洁、阳光充足的水岸边活动较频繁，有时上岸但不能离水源太远。中华鳖对光线和声音较为敏感，我国北方地区10月底进行冬眠，翌年4月开始活动觅食，夏季喜欢晒背（壳）、乘凉风；胆小惧怕声音，白天常常潜伏，夜间觅食，喜欢以鱼虾、昆虫为食并取食水草等植物，耐饥饿，但食物缺乏或者密度过大时会出现争斗、同类相食。

中华鳖4～5龄达到性成熟，通常在四五月进行水中交配，交配后约20天开始产卵，产卵时间可持续约2个月（8月）。中华鳖产卵有掘坑习惯，选择环境安静、干燥向阳、土质松软的地方掘坑产卵，将卵埋在沙等遮蔽物中，以便保温孵化、躲避敌害。5龄雌鳖一般可产卵3～4次，一年可产50～100枚。卵为球形，乳白色，卵径15～20毫米，卵重为8～9克，一次产卵10枚左右，孵化时间为1.5～2个月，稚鳖破壳后，1～3天脐带脱落，入水生活。中华鳖寿命较长，可达60龄以上。

### （二）工具与材料

（1）笔、笔记本。

（2）可以录像、拍照的设备。

（3）中华鳖，盆、网兜等。

## 训练任务

### （一）任务安排

分组，以学习小组进行分组观察中华鳖的行为特征并记录。在观察过程中，组内讨论，组间交流，老师点评和总结。

### （二）任务要求

（1）提前熟悉相关知识。

（2）重点掌握中华鳖的行为习惯及生活方式。

## 思考与练习

（1）中华鳖的生物学特性有哪些？

（2）中华鳖的生活习性是什么？

## 考核评价

中华鳖的生物学特性及生活习性学习和实操任务考核评价内容及评分标准见表2-1。

**表2-1　中华鳖的生物学特性及生活习性学习和实操任务考核评价表**

| 考核项目 | 内容 | 分值 | 得分 |
| --- | --- | --- | --- |
| 技能操作（以小组为单位考核）（50分） | 了解当地中华鳖产业现状及意义 | 10 | |
| | 掌握淡水养殖中中华鳖的生物学特性 | 20 | |
| | 掌握淡水养殖中中华鳖的生活习性 | 20 | |
| 学习成效（25分） | 拓展作业 | 5 | |
| | 实习小结 | 5 | |
| | 物候期实习记录表 | 5 | |
| | 实习总结 | 5 | |
| | 小组总结 | 5 | |
| 思想素质（25分） | 安全规范生产 | 5 | |
| | 纪律出勤 | 5 | |
| | 情感态度 | 5 | |

续表

| 考核项目 | 内容 | 分值 | 得分 |
|---|---|---|---|
| 思想素质（25分） | 团结协作 | 5 | |
| | 创新思维（主动发现问题、解决问题） | 5 | |
| 合计 | | 100 | |
| 评价人员签字 | 1. 任课教师：　2. 实习指导教师：<br>3. 专业带头人：　4. 园区（企业或行业）技术员： | | |

备注：严禁损坏场区财物及产品，如有损毁，视情节和态度扣除个人成绩20～40分，小组成员同时扣除安全生产及团结协作成绩，情节严重的将按照相关处理办法进行违纪处理。

# 任务二　中华鳖品种识别

## 任务目标

### 知识目标

（1）了解中华鳖的不同品种特性。

（2）了解中华鳖的地理位置分布。

### 能力目标

（1）能够识别不同中华鳖的品种。

（2）能够介绍中华鳖的地理位置分布情况。

## 任务准备

### （一）知识要点

中华鳖是一种经济价值很高的水生动物，我国普遍将其作为上选的食中珍品，且用作食疗滋补食品。过去中华鳖价格不菲，现已有人工养殖，但野生中华鳖仍被认为比人工饲养的营养价值高，所以捕杀不断。中华鳖在我国广泛分布，除新疆、西藏和青海外，其他各省均有分布；国外分布于越南，日本、帝汶岛和夏威夷群岛的中华鳖是人为引入的。中华鳖无有效的亚种分化，却存在着地理变异：日本的鳖曾被称为*Trionyx japonicus*，我国舟山群岛上的鳖种群也曾被称为*Trionyx tuberculatus*，现在常把这些种名作为中华鳖的同物异名。我国还分布有中华鳖近缘种类山瑞鳖（*Palea steindachneri*），生活于山区河流和池塘中，食性与中华鳖较为相似，分布于我国云南、贵州、广东、海南、广西等地，国外越南也有分布。

### （二）工具与材料

（1）笔、笔记本。

（2）可以登录互联网的设备。

## 训练任务

### （一）任务安排

分组，以学习小组调查中华鳖的品种、地理位置分布情况等。在调查过程中，组内讨论，组间交流，老师最后点评和总结。

### （二）任务要求

（1）提前熟悉相关知识。

（2）重点掌握中华鳖的品种及其分布的地理位置。

## 思考与练习

（1）中华鳖的品种有哪些？

（2）中华鳖的地理位置分布情况如何？

# 考核评价

中华鳖品种识别学习和实操任务考核评价内容及评分标准见表2-2。

表2-2 中华鳖品种识别学习和实操任务考核评价表

| 考核项目 | 内容 | 分值 | 得分 |
| --- | --- | --- | --- |
| 技能操作（以小组为单位考核）（50分） | 了解当地中华鳖产业现状及意义 | 10 | |
| | 中华鳖的不同品种特性掌握情况 | 20 | |
| | 中华鳖的地理位置分布情况 | 20 | |
| 学习成效（25分） | 拓展作业 | 5 | |
| | 实习小结 | 5 | |
| | 物候期实习记录表 | 5 | |
| | 实习总结 | 5 | |
| | 小组总结 | 5 | |
| 思想素质（25分） | 安全规范生产 | 5 | |
| | 纪律出勤 | 5 | |
| | 情感态度 | 5 | |
| | 团结协作 | 5 | |
| | 创新思维（主动发现问题、解决问题） | 5 | |
| 合计 | | 100 | |
| 评价人员签字 | 1. 任课教师：　　2. 实习指导教师：<br>3. 专业带头人：　　4. 园区（企业或行业）技术员： | | |

备注：严禁损坏场区财物及产品，如有损毁，视情节和态度扣除个人成绩20～40分，小组成员同时扣除安全生产及团结协作成绩，情节严重的将按照相关处理办法进行违纪处理。

# 任务三 中华鳖苗种培育技术

## 任务目标

### 知识目标

（1）掌握中华鳖稚鳖的生长发育特征。

（2）掌握中华鳖幼鳖的生长发育特征。

（3）掌握中华鳖成鳖的生长发育特征。

### 能力目标

（1）能够根据中华鳖稚鳖的生长发育特征进行苗种培育。

（2）能够根据中华鳖幼鳖的生长发育特征进行苗种培育。

（3）能够根据中华鳖成鳖的生长发育特征进行苗种培育。

## 任务准备

### （一）知识要点

中华鳖的生长发育一般可分为稚鳖（刚孵化）、幼鳖（11～50克）和成鳖（200克及以上）三个阶段。

稚鳖（图2-2）摄食能力较弱，饲料适口性好才便于其摄食，因此对饲料要求高，饲料搭配要做到嫩、鲜、营养全面等。通常在稚鳖出壳1个月内以投喂水蚯蚓、鸡蛋、小糠虾、动物肝脏、摇蚊幼虫等。随着鳖个体长大，可逐步投喂蝇蛆、蚯蚓、鱼糜、动物内脏、大鱼虾、蚌类、螺类等。幼鳖摄食能力较强，饲料要求不如稚鳖严格，除了投喂高蛋白质的动物性饲料外，还可添加猪脾、脏糜、菜叶浆汁等，可将其混合均匀捏成团块进行投喂。幼鳖投喂2～3次/天，投喂时间为上午、下午各一次，日投喂量为鳖群体重的5%～10%。同时设置晒背台，控制好水温、水质、水位，做好防逃、防病工作。成鳖适应性较强，且耐饥饿，通常养殖到200克以上可以上市，也可挑选性状良好的继续培育作为亲鳖，用来繁育。

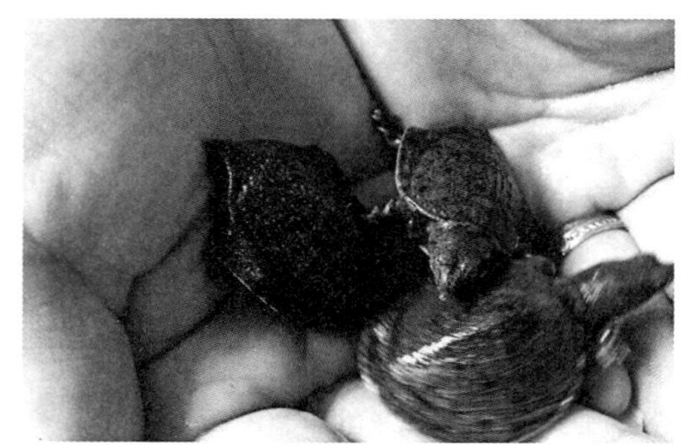

图2-2　中华鳖稚鳖

（二）工具与材料

（1）笔、笔记本。

（2）可以录像、拍照的设备。

（3）中华鳖稚鳖、幼鳖、成鳖，盆、网兜、饲料等。

## 训练任务

（一）任务安排

分组，以学习小组进行分组观察中华鳖稚鳖、幼鳖、成鳖的生长发育特征并记录。在实践过程中，组内讨论，组间交流，老师点评和总结。

（二）任务要求

（1）提前熟悉相关知识。

（2）掌握中华鳖的苗种培育技术，重点依据中华鳖稚鳖、幼鳖、成鳖的生长发育特征进行苗种培育。

## 思考与练习

（1）如何根据中华鳖稚鳖的生长发育特征进行苗种培育？

（2）如何根据中华鳖幼鳖及成鳖的生长发育特征进行苗种培育？

## 考核评价

中华鳖苗种培育技术学习和实操任务考核评价内容及评分标准见表2-3。

表2-3　中华鳖苗种培育技术学习和实操任务考核评价表

| 考核项目 | 内容 | 分值 | 得分 |
|---|---|---|---|
| 技能操作（以小组为单位考核）（50分） | 了解当地中华鳖产业现状及意义 | 10 | |
| | 根据中华鳖稚鳖的生长发育特征进行苗种培育 | 15 | |
| | 根据中华鳖幼鳖的生长发育特征进行苗种培育 | 15 | |
| | 根据中华鳖成鳖的生长发育特征进行苗种培育 | 10 | |
| 学习成效（25分） | 拓展作业 | 5 | |
| | 实习小结 | 5 | |
| | 物候期实习记录表 | 5 | |
| | 实习总结 | 5 | |
| | 小组总结 | 5 | |
| 思想素质（25分） | 安全规范生产 | 5 | |
| | 纪律出勤 | 5 | |
| | 情感态度 | 5 | |
| | 团结协作 | 5 | |
| | 创新思维（主动发现问题、解决问题） | 5 | |
| 合计 | | 100 | |
| 评价人员签字 | 1. 任课教师：　2. 实习指导教师：<br>3. 专业带头人：　4. 园区（企业或行业）技术员： | | |

备注：严禁损坏场区财物及产品，如有损毁，视情节和态度扣除个人成绩20～40分，小组成员同时扣除安全生产及团结协作成绩，情节严重的将按照相关处理办法进行违纪处理。

# 任务四　成年中华鳖饲养技术

## 任务目标

### 知识目标

掌握成年中华鳖的养殖技术。

### 能力目标

能够进行成年中华鳖的养殖、捕捞等。

## 任务准备

### （一）知识要点

成年中华鳖的饲养过程通常指将100克左右的种鳖饲养至500克左右的饲养过程。目前养殖方式主要是室外养殖，部分地区有工厂化养殖。养殖的关键技术包括如下几点。

（1）控制放养规格和密度　放养规格尽量整齐，密度以控制在每平方米5只以内为宜（100克个体3～5只为宜，200克个体2～3只为宜）。

（2）综合搭配好饲料营养，控制好养殖的水质环境　建议使用营养搭配较为齐全的配合饲料，水质和水温条件控制适宜范围。

（3）做好捕捞工作　采用捕大留小、分批上市的策略，在三分之一以上的中华鳖体重达到350克左右时可以考虑捕捞上市，将达标个体捕捞上市后再将剩余鳖继续饲养至达到规格后全部捕捞上市。具体的捕捞上市规格也可以参考市场价格与利润进行调整（商品中华鳖见图2-3）。

图2-3　商品中华鳖

（二）工具与材料

（1）笔、笔记本。

（2）可以录像、拍照的设备。

（3）盆、网兜、饲料、防水服等。

## 训练任务

（一）任务安排

分组，以学习小组进行中华鳖的放养密度计算、饲料搭配、捕捞等工作。在实践过程中，组内合作，组间交流，老师点评和总结。

（二）任务要求

（1）提前熟悉相关知识。

（2）掌握成年中华鳖的养殖技术，重点是进行中华鳖的放养密度计算、饲料搭配、捕捞等。

## 思考与练习

（1）如何根据养殖场大小计算放养中华鳖的密度?

（2）成年中华鳖的饲料如何搭配使用?

## 考核评价

成年中华鳖饲养技术学习和实操任务考核评价内容及评分标准见表2-4。

表2-4 成年中华鳖饲养技术学习和实操任务考核评价表

| 考核项目 | 内容 | 分值 | 得分 |
| --- | --- | --- | --- |
| 技能操作（以小组为单位考核）（50分） | 了解当地中华鳖产业现状及意义 | 10 | |
| | 成年中华鳖的放养密度计算 | 15 | |
| | 成年中华鳖的饲料搭配 | 15 | |
| | 成年中华鳖的捕捞 | 10 | |
| 学习成效（25分） | 拓展作业 | 5 | |
| | 实习小结 | 5 | |
| | 物候期实习记录表 | 5 | |
| | 实习总结 | 5 | |
| | 小组总结 | 5 | |
| 思想素质（25分） | 安全规范生产 | 5 | |
| | 纪律出勤 | 5 | |
| | 情感态度 | 5 | |
| | 团结协作 | 5 | |
| | 创新思维（主动发现问题、解决问题） | 5 | |
| 合计 | | 100 | |
| 评价人员签字 | 1. 任课教师：　2. 实习指导教师：<br>3. 专业带头人：　4. 园区（企业或行业）技术员： | | |

备注：严禁损坏场区财物及产品，如有损毁，视情节和态度扣除个人成绩20～40分，小组成员同时扣除安全生产及团结协作成绩，情节严重的将按照相关处理办法进行违纪处理。

# 任务五　中华鳖常见疾病及其防治

## 任务目标

### 知识目标

（1）掌握中华鳖常见疾病中的腐皮病症状及防治方法。

（2）掌握中华鳖常见疾病中的疖疮病症状及防治方法。

### 能力目标

（1）能够进行中华鳖腐皮病诊断及防治。

（2）能够进行中华鳖疖疮病诊断及防治。

## 任务准备

### （一）知识要点

#### 1. 腐皮病

（1）症状与病原体　腐皮病多为鳖打斗外伤感染所致。腐皮病的病原体以气单胞菌类为主，常见的有嗜水气单胞菌、温和气单胞菌、豚鼠气单胞菌等。症状多表现为鳖的外部皮肤如四肢、颈部、尾部皮肤糜烂，皮肤组织呈黄色或者白色后坏死，严重者可发生溃疡、皮肤脱落，露出骨骼，甚至出现爪脱落。此病为中华鳖危害较高的病症，常年都有出现，尤其春季更为普遍，与饲养密度有关。

（2）防治方法

①预防：预防方法包括如下几个方面：一是控制养殖密度，避免打斗和受伤；二是保持养殖环境的清洁，定期采用含氯消毒剂进行消毒，减少感染可能性；三是对受伤的鳖进行隔离，有症状的鳖隔离、消毒、消炎后单独饲养。

②治疗：治疗可采用内外兼顾的策略。在饲料中添加磺胺类或喹诺酮类药物饲喂，同时对受伤感染部位采用40毫克土霉素药浴48小时处理，效果较好。此外，也有通过制备免疫血清方式进行治疗的。

2. 疖疮病

（1）症状和病原体 疖疮病病原体主要为产气单胞菌类。感染后，鳖的摄食能力减弱，活动能力下降，逐渐消瘦，且鳖的颈部、裙边、四肢基部等出现斑点性坏死，随着病情加重疖疮周边发炎、溃烂、穿孔。

（2）防治方法 鳖疖疮病主要通过控制鳖间打斗、撕咬来减少受伤，通过加强清池、消毒等避免致病菌大量繁殖，对生病鳖进行消毒和单独饲养来避免交叉感染。

研究表明，采用清池、病灶清理、药物浸泡、抗生素涂抹、肌肉注射链霉素等综合治疗措施，效果较好。也有人采用中药方法进行治疗，将板蓝根、大黄、五倍子、金银花、大青叶、连翘、黄芩等熬出汁液后混合到饵料中进行治疗，也能取得一定效果。

### （二）工具与材料

（1）笔、笔记本。

（2）可以录像、拍照的设备。

（3）中华鳖病鳖，盆、网兜、防水服，磺胺类或喹诺酮类、链霉素药物等。

## 训练任务

### （一）任务安排

分组，以学习小组进行中华鳖的腐皮病、疖疮病诊断及防治等工作。在实践过程中，组内合作，组间交流，老师点评和总结。

### （二）任务要求

（1）提前熟悉相关知识。

（2）掌握中华鳖常见的疾病及治疗技术，重点是进行中华鳖的腐皮病、疖疮病诊断及防治措施。

## 思考与练习

（1）淡水养殖中如何进行中华鳖的腐皮病诊断及防治?

（2）淡水养殖中如何进行中华鳖的疖疮病诊断及防治?

## 考核评价

中华鳖常见疾病及其防治学习和实操任务考核评价内容及评分标准见表2-5。

表2-5　中华鳖常见疾病及其防治学习和实操任务考核评价表

| 考核项目 | 内容 | 分值 | 得分 |
|---|---|---|---|
| 技能操作（以小组为单位考核）（50分） | 了解当地中华鳖产业现状及意义 | 10 | |
| | 掌握淡水养殖中中华鳖的腐皮病、疖疮病诊断及防治 | 40 | |
| 学习成效（25分） | 拓展作业 | 5 | |
| | 实习小结 | 5 | |
| | 物候期实习记录表 | 5 | |
| | 实习总结 | 5 | |
| | 小组总结 | 5 | |
| 思想素质（25分） | 安全规范生产 | 5 | |
| | 纪律出勤 | 5 | |
| | 情感态度 | 5 | |
| | 团结协作 | 5 | |
| | 创新思维（主动发现问题、解决问题） | 5 | |
| 合计 | | 100 | |
| 评价人员签字 | 1．任课教师：　2．实习指导教师：<br>3．专业带头人：　4．园区（企业或行业）技术员： | | |

备注：严禁损坏场区财物及产品，如有损毁，视情节和态度扣除个人成绩20～40分，小组成员同时扣除安全生产及团结协作成绩，情节严重的将按照相关处理办法进行违纪处理。

# 项目三　草鱼养殖技术

**项目目标**

1. 掌握淡水养殖生产的理论知识、生产流程、应用知识和注意事项。
2. 理解草鱼的生物学特性及生活习性。
3. 掌握草鱼的人工繁殖技术。
4. 掌握成年草鱼的养殖技术关键点。
5. 掌握草鱼常见的疾病诊断及防治方法。
6. 树立热爱农业、热爱家乡的情怀和服务“三农”的责任感；树立绿色发展、珍爱生命的理念；树立振兴淡水养殖产业的志向。

## 任务一　草鱼的生物学特性及生活习性

### 任务目标

知识目标

（1）掌握草鱼的生物学特性。

（2）掌握草鱼的生活习性。

能力目标

（1）能够充分掌握草鱼的生物学特性。

（2）能够充分掌握草鱼的生活习性。

# 任务准备

## （一）知识要点

### 1. 生物学特性

草鱼（*Ctenopharyngodon idella*）又称草棒、草鲩，是鲤科草鱼属鱼类，它和鲢、鳙、青鱼一起被称为“四大家鱼”。草鱼（图3-1）体长形，前段呈圆筒状，后段稍侧扁，腹部圆，无腹棱。口端位，吻短而钝，眼适中，位于头侧中轴稍偏上方，下咽齿2行，主行齿呈梳形。侧线鳞35～42片，鳃耙短小，外腮耙15～18条。草鱼体色常呈茶黄色，腹部灰白色，体侧鳞片边缘灰黑色，胸鳍、腹鳍灰黄色。草鱼标准长为体高的3.5～4.5倍，为头长的3.5～4.5倍，为尾柄长的4.5～6.5倍，为尾柄高的7～10倍。

图3-1　草鱼

### 2. 生活习性

草鱼因其能迅速清除水体各种草类而被称为“拓荒者”，唐代末期就有利用养殖草鱼来清除野草的记录。草鱼游泳能力较强，活泼，喜欢群体觅食。草鱼常活动于水体的中上层，是较为典型的草食性鱼类，喜欢摄食禾本科植物，也取食其他水生高等植物，有时也摄食水生昆虫、水蚯蚓等。

草鱼自然情况下是通过一定距离的洄游，在流水区域产卵繁殖，鱼卵孵化后在小河、溪流等水草区域觅食生长，生长到较大个体后进入江河索饵和生长，冬季迁移到水体较深、流速较慢的水体越冬。生殖季节和鲢相近，较青鱼和鳙稍早。草鱼繁殖季节多为4～7月，主要受到区域温度影响，多数地区以5月集中繁殖，繁殖水温15℃以上，以18℃居多。因草鱼不能在静水中完成生命周期，目前静水养殖苗种来源于人工繁育。草鱼生长迅速，1～2龄体长增长最快，2～3龄体重积累较为迅速，4龄及以后生长速度明显下降，最大个体可达40千克左右。草鱼适应性较强，在我国广泛分布，自人工繁育成功后，在亚、欧、美、非洲等多个国家均有养殖和分布。

### （二）工具与材料

（1）笔、笔记本。

（2）可以录像、拍照的设备。

（3）草鱼，盆、网兜、渔网等。

## 训练任务

### （一）任务安排

分组，以学习小组进行分组观察草鱼的行为特征并记录。在观察过程中，组内讨论，组间交流，老师点评和总结。

### （二）任务要求

（1）提前熟悉相关知识。

（2）掌握草鱼的生物学特性及生活习性，重点掌握草鱼的行为习惯及生活方式。

## 思考与练习

（1）草鱼的生物学特性是什么？

（2）草鱼的生活习性有哪些？

## 考核评价

草鱼的生物学特性及生活习性学习和实操任务考核评价内容及评分标准见表3-1。

表3-1　草鱼的生物学特性及生活习性学习和实操任务考核评价表

| 考核项目 | 内容 | 分值 | 得分 |
|---|---|---|---|
| 技能操作（以小组为单位考核）（50分） | 了解当地淡水养殖产业现状及意义 | 10 | |
| | 掌握淡水养殖中草鱼的生活习性 | 20 | |
| | 掌握淡水养殖中草鱼的生物学特性 | 20 | |
| 学习成效（25分） | 拓展作业 | 5 | |
| | 实习小结 | 5 | |
| | 物候期实习记录表 | 5 | |
| | 实习总结 | 5 | |
| | 小组总结 | 5 | |
| 思想素质（25分） | 安全规范生产 | 5 | |
| | 纪律出勤 | 5 | |
| | 情感态度 | 5 | |
| | 团结协作 | 5 | |
| | 创新思维（主动发现问题、解决问题） | 5 | |
| 合计 | | 100 | |
| 评价人员签字 | 1. 任课教师：　　2. 实习指导教师：<br>3. 专业带头人：　　4. 园区（企业或行业）技术员： | | |

备注：严禁损坏场区财物及产品，如有损毁，视情节和态度扣除个人成绩20～40分，小组成员同时扣除安全生产及团结协作成绩，情节严重的将按照相关处理办法进行违纪处理。

# 任务二　草鱼人工繁殖技术

## 任务目标

### 知识目标

（1）掌握草鱼的亲鱼选择与培育知识。

（2）掌握草鱼的亲鱼催产、繁殖与孵化知识。

### 能力目标

（1）能够根据草鱼的生长发育特征完成亲鱼选择、培育。

（2）能够根据草鱼的生长发育特征完成亲鱼的催产、繁殖与孵化。

## 任务准备

### （一）知识要点

#### 1. 亲鱼选择与培育

亲鱼选择通常要把握几个要点：

（1）应鱼体健壮、无病无伤；

（2）应达到性成熟，通过养殖年限、考察生殖发育情况等来综合确定，一般宜选择5～10龄鱼；

（3）应注意雌雄搭配，通常是雄鱼稍多于雌鱼。

亲鱼培育主要应做好以下几个方面：

（1）保障亲鱼培育条件，要求水质良好、环境安静、方便操作；

（2）控制放养密度，放养密度为100～150千克/亩（1亩≈667平方米），雌雄比例各一半，可以适当搭配一定鲢鳙；

（3）饲料保障，主要以草鱼喜欢取食的禾本科草饲料为主，如黑麦草、象草和苏丹草等，也可以添加稻草、稗草、苦草、轮叶黑藻以及人工配合饲料等；

（4）控制好温度和流水刺激，做好温度控制有利于亲鱼发育，流水刺激主要给亲鱼带来适宜产卵的环境信号。

2. 亲鱼催产、繁殖与孵化

草鱼产卵温度为18～31℃，适宜温度为22～28℃，最佳温度为24～26℃。亲鱼发育成熟后摄食能力下降，腹部松软，挤压雄鱼腹部有少量精液流出，雌鱼腹部膨大，松软有弹性。

自然情况下鱼类发育整齐度不太好，为了便于人工繁育，必要时采取人工催产，主要采取注射脑垂体（PG）、绒毛膜促性腺激素（HCG）、促黄体释放激素类似物系列（LRH-A）、地欧酮（DOM）等，注射剂量根据鱼体重、发育成熟度等综合确定，催产药物可单独使用也可混合注射。

亲鱼发育成熟后，将产卵繁殖。选择人工授精或自然产卵，主要根据产卵池的设计、人手配备、种鱼性比、水温等具体情况进行。如产卵池集卵不便、人手较少、雌雄比为1：1或雄鱼较多、水温适宜时，可选用自然产卵，否则应采用人工授精，以获得较高的受精率。

人工授精主要采用干法授精。人工授精时将盆擦干，然后用毛巾将亲鱼和周边的水擦干，将鱼卵挤入盆中并马上挤入雄鱼的精液，然后顺一个方向用力晃动脸盆，使精卵混匀，让其充分受精。然后用量筒量出受精卵的体积，加入清水，移入孵化环道或孵化桶中孵化。孵化密度大约为20万受精卵/100千克水，20～32小时（随水温不同，脱膜时间有所差异）即可脱膜，一般脱膜后3～5天，鱼苗的卵黄囊消失，鳔充气即可出孵化容器下塘。

## （二）工具与材料

（1）笔、笔记本。

（2）可以录像、拍照的设备。

（3）草鱼亲鱼，盆、网兜、催产药物、饲料、毛巾等。

## 训练任务

### （一）任务安排

分组，以学习小组进行分组进行亲鱼选择和培育，并对亲鱼进行催产和繁殖等。在实践过程中，组内讨论，组间交流，老师点评和总结。

### （二）任务要求

（1）提前熟悉相关知识。

（2）掌握草鱼的人工繁殖技术，重点掌握亲鱼的成熟特征进行选择和培育、催产和繁殖等。

## 思考与练习

（1）草鱼亲鱼选择及培育的方法有哪些？

（2）如何将草鱼的亲鱼进行催产、繁殖与孵化？

## 考核评价

草鱼人工繁殖技术学习和实操任务考核评价内容及评分标准见表3-2。

**表3-2　草鱼人工繁殖技术学习和实操任务考核评价表**

| 考核项目 | 内容 | 分值 | 得分 |
| --- | --- | --- | --- |
| 技能操作（以小组为单位考核）（50分） | 了解当地淡水养殖产业现状及意义 | 10 | |
| | 根据草鱼的生长发育特征完成亲鱼选择、培育 | 20 | |
| | 根据草鱼的生长发育特征完成亲鱼的催产、繁殖与孵化 | 20 | |
| 学习成效（25分） | 拓展作业 | 5 | |
| | 实习小结 | 5 | |
| | 物候期实习记录表 | 5 | |

续表

| 考核项目 | 内容 | | 分值 | 得分 |
|---|---|---|---|---|
| 学习成效（25分） | 实习总结 | | 5 | |
| | 小组总结 | | 5 | |
| 思想素质（25分） | 安全规范生产 | | 5 | |
| | 纪律出勤 | | 5 | |
| | 情感态度 | | 5 | |
| | 团结协作 | | 5 | |
| | 创新思维（主动发现问题、解决问题） | | 5 | |
| 合计 | | | 100 | |
| 评价人员签字 | 1. 任课教师：<br>3. 专业带头人： | 2. 实习指导教师：<br>4. 园区（企业或行业）技术员： | | |

备注：严禁损坏场区财物及产品，如有损毁，视情节和态度扣除个人成绩20～40分，小组成员同时扣除安全生产及团结协作成绩，情节严重的将按照相关处理办法进行违纪处理。

# 任务三　成年草鱼养殖技术

## 任务目标

### 知识目标

掌握成年草鱼的养殖技术。

### 能力目标

能够进行成年草鱼的养殖管理、捕捞等。

## 任务准备

### （一）知识要点

池塘面积中等大小，10～20亩尤佳；水深2米左右，2.5米更好；水泥底质和泥土底质均可，最好没有淤泥，若有则厚度控制在20厘米内；5～10亩配套增氧机和投饵机1套（图3-2）。

图3-2　草鱼人工养殖池塘

夏季以每个月清塘一次为宜，冬季排干池水，晾晒半月以上。鱼种放养前20天控制水深15厘米左右，150千克/亩的石灰消毒，持续浸泡1周后排出。重新加注新水，准备放养鱼种。放养时间为前一年秋末，也可在春节前后，放养规格以大规格苗种为佳，放养规格为100～200克/尾，密度参考500尾/亩，放养前以5%～10%食盐水浸泡消毒。

规模化养殖以人工配合饲料为主，采用投饵机定质、定时、定位、定量的“四定法”投喂。每天投喂次数以2～4次为宜，投喂量根据摄食情况确定，通常在投喂后1～2小时察看吃食情况，若2小时都有剩余应该减少投喂量，若3～5次还未改善，应该停喂1天，调整方案。

水质管理方面，主要是定期添加新水，保证水体流动和交换，同时在午后两三点、凌晨等开启增氧机保证水体溶解氧充足。

捕捞方面，将较大规格捕捞上市，常常是捕大留小，应根据养殖情况、市场价格和养殖密度等综合确定，一般捕捞前1～2天停止喂食，在凌晨水温较低的时候捕捞。

### （二）工具与材料

（1）笔、笔记本。

（2）可以录像、拍照的设备。

（3）盆、网兜、饲料、防水服、石灰等。

## 训练任务

### （一）任务安排

分组，以学习小组进行成年草鱼的放养密度计算、搭配饲料、捕捞及池塘消毒等工作。在实践过程中，组内合作，组间交流，老师点评和总结。

### （二）任务要求

（1）提前熟悉相关知识。

（2）掌握成年草鱼的养殖技术，重点掌握成年草鱼的放养密度计算、搭配饲料、捕捞及池塘消毒等。

## 思考与练习

（1）如何依据养殖场的大小计算草鱼的放养密度?

（2）成年草鱼的饲料搭配方法有哪些?

（3）成年草鱼捕捞的标准是什么?

## 考核评价

成年草鱼养殖技术学习和实操任务考核评价内容及评分标准见表3-3。

表3-3 成年草鱼养殖技术学习和实操任务考核评价表

| 考核项目 | 内容 | 分值 | 得分 |
|---|---|---|---|
| 技能操作（以小组为单位考核）（50分） | 了解当地淡水养殖产业现状及意义 | 10 | |
| | 成年草鱼的放养密度计算 | 15 | |
| | 成年草鱼的饲料搭配 | 15 | |
| | 成年草鱼的捕捞、池塘消毒 | 10 | |
| 学习成效（25分） | 拓展作业 | 5 | |
| | 实习小结 | 5 | |
| | 物候期实习记录表 | 5 | |
| | 实习总结 | 5 | |
| | 小组总结 | 5 | |
| 思想素质（25分） | 安全规范生产 | 5 | |
| | 纪律出勤 | 5 | |
| | 情感态度 | 5 | |
| | 团结协作 | 5 | |
| | 创新思维（主动发现问题、解决问题） | 5 | |
| 合计 | | 100 | |
| 评价人员签字 | 1. 任课教师：　2. 实习指导教师：<br>3. 专业带头人：　4. 园区（企业或行业）技术员： | | |

备注：严禁损坏场区财物及产品，如有损毁，视情节和态度扣除个人成绩20～40分，小组成员同时扣除安全生产及团结协作成绩，情节严重的将按照相关处理办法进行违纪处理。

# 任务四 草鱼常见疾病及其治疗

## 任务目标

### 知识目标

（1）掌握草鱼常见疾病的预防措施。

（2）掌握草鱼常见寄生虫、肠炎、烂鳃、赤皮病的治疗措施。

### 能力目标

（1）能够进行草鱼常见疾病的预防。

（2）能够进行草鱼常见寄生虫、肠炎、烂鳃、赤皮病的治疗。

## 任务准备

### （一）知识要点

#### 1. 鱼病预防措施

草鱼鱼病防治可以从如下几个方面考虑：

（1）近年内连续养殖草鱼的池塘最好不要再养殖草鱼，经常生病的鱼塘不建议养殖；

（2）加强池塘水质管理，做好清塘、消毒工作，防止病菌滋生和蔓延；

（3）选择良好的草鱼苗种，下塘前做好消毒工作；

（4）控制好养殖密度，不宜过大，必要时可以考虑套养鲢鱼、鳙鱼、鲫鱼；

（5）选择营养齐全的配合饲料，保证草鱼正常生长，必要时可以在饲料中添加功能性成分，以防鱼病发生。

#### 2. 鱼病治疗措施

（1）寄生虫病治疗　草鱼寄生虫病通常是由于三代虫、鱼虱子等寄生虫寄生引起的鱼营养不良、生长缓慢甚至死亡。这种情况可以用敌百虫、灭虫王等搅拌均匀后全池泼洒的方法解决，隔日一次，连用3次，基本可以取得较好效果。

（2）肠炎、烂鳃、赤皮病治疗　肠炎、烂鳃、赤皮病是草鱼养殖的常见病害，也是鱼类大量死亡、造成损失的主要原因。通常采用综合处理的办法来应对，主要策略如下：

①发现患病鱼出现死亡后，停止饲喂5天左右，鱼病缓解后，少量投喂，先投喂粗饲料（饲草）后投喂精饲料，投喂量根据情况逐步增加；

②用中药大黄浸泡于氨水中14小时，全池泼洒，连用3天。饲料中添加消毒杀菌的内服药物，如卡那霉素粉剂，与浮萍拌和均匀后喂食患病草鱼，连续投喂1周或有较大改善。

### （二）工具与材料

（1）笔、笔记本。

（2）可以录像、拍照的设备。

（3）草鱼病鱼，盆、网兜、防水服、敌百虫、灭虫王、大黄药物等。

## 训练任务

### （一）任务安排

分组，以学习小组进行草鱼的池塘水质、鱼种、密度、饲料使用及寄生虫、肠炎、烂鳃、赤皮病治疗等。在实践过程中，组内合作，组间交流，老师点评和总结。

### （二）任务要求

（1）提前熟悉相关知识。

（2）掌握草鱼常见的疾病及治疗知识，重点掌握草鱼的池塘水质、鱼种、密度、饲料使用及寄生虫、肠炎、烂鳃、赤皮病治疗。

## 思考与练习

（1）如何进行草鱼的疾病防治?

（2）草鱼养殖的鱼塘有哪些方面的要求?

## 考核评价

草鱼常见疾病及其治疗学习和实操任务考核评价内容及评分标准见表3-4。

表3-4　草鱼常见疾病及其治疗学习和实操任务考核评价表

| 考核项目 | 内容 | 分值 | 得分 |
|---|---|---|---|
| 技能操作（以小组为单位考核）（50分） | 了解当地淡水养殖产业现状及意义 | 10 | |
| | 掌握淡水养殖中草鱼的池塘水质、鱼种、密度、饲料使用及寄生虫、肠炎、烂鳃、赤皮病治疗措施 | 40 | |
| 学习成效（25分） | 拓展作业 | 5 | |
| | 实习小结 | 5 | |
| | 物候期实习记录表 | 5 | |
| | 实习总结 | 5 | |
| | 小组总结 | 5 | |
| 思想素质（25分） | 安全规范生产 | 5 | |
| | 纪律出勤 | 5 | |
| | 情感态度 | 5 | |
| | 团结协作 | 5 | |
| | 创新思维（主动发现问题、解决问题） | 5 | |
| 合计 | | 100 | |
| 评价人员签字 | 1. 任课教师:　2. 实习指导教师:<br>3. 专业带头人:　4. 园区（企业或行业）技术员: | | |

备注：严禁损坏场区财物及产品，如有损毁，视情节和态度扣除个人成绩20～40分，小组成员同时扣除安全生产及团结协作成绩，情节严重的将按照相关处理办法进行违纪处理。

# 项目四　鲢鱼养殖技术

**项目目标**

1. 掌握淡水养殖生产的基础知识、生产流程、应用知识和注意事项。
2. 理解鲢鱼的生物学特性及生活习性。
3. 掌握鲢鱼的人工繁殖技术。
4. 掌握鲢鱼的养殖技术关键点。
5. 掌握鲢鱼常见的疾病诊断及防治方法。
6. 树立热爱农业、热爱家乡的情怀和服务“三农”的责任感；树立绿色发展、珍爱生命的理念；树立振兴淡水养殖产业的志向。

## 任务一　鲢鱼的生物学特性及生活习性

### 任务目标

知识目标

（1）了解鲢鱼的生物学特性。

（2）了解鲢鱼的生活习性。

能力目标

（1）掌握鲢鱼的生物学特性。

（2）掌握鲢鱼的生活习性。

## 任务准备

### （一）知识要点

#### 1. 生物学特性

鲢鱼（*Hypophthalmichthys molitrix*）属鲤形目，鲤科，鲢亚科，鲢属，俗称鲢子、白鲢。体侧扁，较高，背部浑圆，腹部狭窄。从胸鳍基部至肛门前有腹棱。口稍小，端位，下颌稍向上斜。唇薄，表面光滑，无须。眼小，位于头侧下方。背鳍短，无硬刺。鳞小，侧线完全，鳃耙特化为网状，细密，彼此相连成多孔的膜质片。下咽齿1行，呈勺形，口咽腔上部有螺形的鳃上器官。体银白，各鳍灰白色。鲢鱼性急躁，善跳跃（图4-1）。

图4-1　鲢鱼

#### 2. 生活习性

从生活的水层上划分，鲢属中上层鱼，主要在水域的中上层游动和觅食，冬季潜至深水区越冬；从食性上划分，鲢属于典型的滤食性鱼类，主要摄食浮游植物，也取食豆浆、豆渣粉、麸皮和米糠等，对发酵类带酸味的糟食比较喜欢，养殖时多用人工微颗粒配合饲料饲养。

鲢喜欢生活在肥水水体中，性情活泼，但胆小容易受惊吓，受到惊吓后常常跃出水面，有逆流习惯，但游泳能力相对较弱。不耐低氧，缺氧容易死亡。鲢的摄食与水温有关，最适宜的水温为23～32℃。夏季鲢鱼的食欲最为旺盛，天气转凉后活动和摄食明显减弱。鲢鱼生长迅速，性成熟年龄较草鱼早1～2

年，一般3千克以上的可达到成熟，绝对怀卵量8万～20万粒，产漂流性卵，流水孵化。

### （二）工具与材料

（1）笔、笔记本。

（2）可以摄像、拍照的设备。

（3）鲢鱼，盆、网兜、渔网等。

## 训练任务

### （一）任务安排

分组，以学习小组进行分组观察鲢鱼的行为特征并记录。在观察过程中，组内讨论，组间交流，老师点评和总结。

### （二）任务要求

（1）提前熟悉相关知识。

（2）掌握生物学特性及生活习性，重点掌握鲢鱼的生物学特性及生活习性。

## 思考与练习

（1）鲢鱼的生活习性有哪些?

（2）鲢鱼的生物学特性包括哪些方面?

## 考核评价

鲢鱼的生物学特性及生活习性学习和实操任务考核评价内容及评分标准见表4-1。

表4-1　鲢鱼的生物学特性及生活习性学习和实操任务考核评价表

| 考核项目 | 内容 | 分值 | 得分 |
|---|---|---|---|
| 技能操作（以小组为单位考核）（50分） | 了解当地淡水养殖产业现状及意义 | 10 | |
| | 掌握淡水养殖中鲢鱼的生活习性 | 20 | |
| | 掌握淡水养殖中鲢鱼的生物学特性 | 20 | |
| 学习成效（25分） | 拓展作业 | 5 | |
| | 实习小结 | 5 | |
| | 物候期实习记录表 | 5 | |
| | 实习总结 | 5 | |
| | 小组总结 | 5 | |
| 思想素质（25分） | 安全规范生产 | 5 | |
| | 纪律出勤 | 5 | |
| | 情感态度 | 5 | |
| | 团结协作 | 5 | |
| | 创新思维（主动发现问题、解决问题） | 5 | |
| 合计 | | 100 | |
| 评价人员签字 | 1. 任课教师：　　2. 实习指导教师：<br>3. 专业带头人：　　4. 园区（企业或行业）技术员： | | |

备注：严禁损坏场区财物及产品，如有损毁，视情节和态度扣除个人成绩20～40分，小组成员同时扣除安全生产及团结协作成绩，情节严重的将按照相关处理办法进行违纪处理。

# 任务二　鲢鱼人工繁殖技术

## 任务目标

### 知识目标

（1）掌握鲢鱼的亲鱼选择知识。

（2）掌握鲢鱼亲鱼的人工催产知识。

（3）掌握鲢鱼的亲鱼产卵与孵化知识。

### 能力目标

（1）能够根据鲢鱼的生长发育特征完成亲鱼选择。

（2）能够根据鲢鱼的生长发育特征完成亲鱼的人工催产。

（3）能够根据鲢鱼的生长发育特征完成亲鱼的产卵与孵化。

## 任务实施

### （一）知识要点

#### 1. 亲鱼选择

判断发育成熟度，选择出适合的亲鱼进行催产。方法为将雄鱼腹部朝上平躺于水面，用手沿着腹部轻轻挤压，如果没有精液挤出则表示还没成熟；如果挤出精液，精液如在水中呈牙膏状不分散则表明成熟度还不够，精液接近清水状或者一遇水就立刻散开则显示过度成熟。雌鱼成熟程度一般选择腹部饱胀、柔软即可。雌雄搭配，一般为1∶1或者2∶1。

#### 2. 人工催产

一般鲢鱼分两次注射，采用生理盐水为载体。雌鱼每千克亲鱼第一次注射2微克的促黄体素释放激素A2（LHRH-A2），间隔10小时左右注射促黄体素释放激素A2（LHRH-A2）和绒毛膜促性腺激素（HCG）混合液（1∶1.7）1200微克/千克。雄鱼催产方法同雌鱼，但是注射药物剂量减半。当亲鱼全部注射完后，辅助以流水刺激，保持温度和溶解氧等条件适宜，为亲鱼产卵准备条件。

#### 3. 产卵与孵化

鲢产卵过程通常持续2小时左右，一次产卵量大约在10万枚，产卵后利用人工采集的雄鱼精液进行人工授精，受精后进孵化池，孵化池保持流水状态，促使鱼卵翻滚，减少摩擦，增氧。在水温和溶解氧等适宜的条件下，一般24小时左右孵化出膜，48小时左右可以实现转为平游状态。

### （二）工具与材料

（1）笔、笔记本。

（2）可以录像、拍照的设备。

（3）鲢鱼亲鱼，盆、网兜、催产药物、生理盐水、毛巾等。

## 训练任务

### （一）任务安排

分组，以学习小组进行分组进行亲鱼选择和培育，并对亲鱼进行催产、产卵与孵化等。在实践过程中，组内讨论，组间交流，老师点评和总结。

### （二）任务要求

（1）提前熟悉鲢鱼人工繁殖知识。

（2）掌握鲢鱼的人工繁殖技术，重点掌握依据亲鱼的成熟特征进行亲鱼的选择和培育、催产和产卵与孵化等。

## 思考与练习

（1）如何进行鲢鱼的亲鱼选择？

（2）鲢鱼亲鱼的催产、产卵与孵化有哪些注意事项？

## 考核评价

鲢鱼人工繁殖技术学习和实操任务考核评价内容及评分标准见表4-2。

**表4-2　鲢鱼人工繁殖技术学习和实操任务考核评价表**

| 考核项目 | 内容 | 分值 | 得分 |
|---|---|---|---|
| 技能操作（以小组为单位考核）（50分） | 了解当地淡水养殖产业现状及意义 | 10 | |
| | 根据鲢鱼的生长发育特征完成亲鱼选择 | 20 | |
| | 根据鲢鱼的生长发育特征完成亲鱼的催产、产卵与孵化 | 20 | |

续表

| 考核项目 | 内容 | 分值 | 得分 |
| --- | --- | --- | --- |
| 学习成效（25分） | 拓展作业 | 5 | |
| | 实习小结 | 5 | |
| | 物候期实习记录表 | 5 | |
| | 实习总结 | 5 | |
| | 小组总结 | 5 | |
| 思想素质（25分） | 安全规范生产 | 5 | |
| | 纪律出勤 | 5 | |
| | 情感态度 | 5 | |
| | 团结协作 | 5 | |
| | 创新思维（主动发现问题、解决问题） | 5 | |
| 合计 | | 100 | |
| 评价人员签字 | 1. 任课教师：　2. 实习指导教师：<br>3. 专业带头人：　4. 园区（企业或行业）技术员： | | |

备注：严禁损坏场区财物及产品，如有损毁，视情节和态度扣除个人成绩20～40分，小组成员同时扣除安全生产及团结协作成绩，情节严重的将按照相关处理办法进行违纪处理。

# 任务三　成年鲢鱼饲养技术

## 任务目标

### 知识目标

掌握成年鲢鱼的饲养技术。

### 能力目标

能够进行成年鲢鱼的饲养管理、捕捞等。

# 任务准备

## （一）知识要点

鲢鱼可以进行池塘主养，也可以与鲤鱼或鳙鱼等家鱼混养。

### 1. 池塘准备

池塘要求水源充足、水质无污染，水深保持在1.5～2.5米，面积3000～5000平方米，池埂坚实，不漏水，不渗水，阳光充足，池底平坦，淤泥较少。同时要求具备动力电源，每个池塘中配备3千瓦增氧机1～2台、投饵机1台。鱼种放养前清除池塘中过多的淤泥，经过日光曝晒7天以上，加水30厘米深，然后每亩（约667平方米）池塘用生石灰150千克溶化后全池泼洒，隔2～3天，每亩池塘再用茶籽饼50千克浸泡1天后泼洒。在清塘7天后注水，注水深度为70～80厘米。每亩一次性施入发酵好的粪肥250千克。

### 2. 鱼苗放养

一切工作准备好后放养鱼苗。每亩可投放体长3厘米的夏花1000～1200尾，也可按1∶1∶2或1∶2∶1的比例投放鲢鱼、鳙鱼和鲤鱼，进行混养。

### 3. 日常管理

鲢鱼日常管理工作的好坏关系到鲢鱼养殖的成活率和产量。

（1）投饲　饲养鲢鱼要达到高产，必须依靠饲料的投入。高产池的产量中，有50%～70%的产量是靠投饲取得的。

①饲料配方：饲料最好是采用全价配合饲料，也可用配方饲料。一个供参考的饲料配方是鱼粉4%、豆粕28%、菜籽粕10%、棉籽粕6%、啤酒糟5%、麸皮6%、次粉25%、米糠12%、菜油1%、磷酸二氢钙1.2%、钙粉0.9%、矿物添加剂0.5%、氯化胆碱0.2%、多种维生素添加剂0.2%。

②投饲方法：鲢鱼投饲一般采用搭设饲料台定点投饲的方法，每池中架设1个投饵机定时对鲢鱼进行投喂。

③投饲量：鲢鱼投喂中投饲量要严格控制，日投饲量占存塘鱼总重量的1%～5%，早晚各投喂一次，早晨投喂日饲喂量的1/3左右，傍晚投喂剩下的2/3。投饲量应随水温升高而增加。一般以鱼半小时吃完为好。

（2）施肥　施肥是饲养鲢鱼的主要措施之一，施肥和投饲相结合对提高养鱼效益有良好的作用，依靠施肥一般在每亩池塘中可取得150～200千克的鱼产量。养鱼过程中，施肥应掌握及时、均匀和量少次多的原则，一般每隔15～20天施用一次，每次每亩用50～100千克，在实际生产中施肥量要灵活掌握，投饲多的鱼池施肥量可少一些，投饲少的鱼池施肥量可多一些。另外，施肥数量与次数还应随肥料的种类、水温、天气等不同情况而定。总的要求是使池水保持"肥水"状态，放苗时，池水透明度以30厘米左右为宜。夏季池水透明度控制在25厘米左右，秋季保持在35厘米左右。在鱼类的生长旺季，也就是每年5～9月份，每月还可施无机肥3～4次，每次每亩池塘施用氮肥350～700克、磷肥65～125克。全年施氮肥不超过10千克、施磷肥不超过2千克。

（3）池水深度　池水深度也是影响鲢鱼正常生长的因素之一。鱼苗入塘时池水深度为0.7～0.8米，以后随着气温的升高，再逐步加深水位，培育7～15天时，池水深度增加至1米；培育20～30天时，池水深度增加至1.2米；培育40～45天时，池水深度增加至1.5米；培育2个月时，池水深度增加至1.8米。进入秋冬季节，池水深度应控制在1.8～2米。

（4）巡塘　坚持每天早、中、晚各巡塘一次。检查池塘有无破损，水质有无变化，鱼有无浮头的现象，发现问题要及时补救；检查有无死鱼，发现死鱼，要立即捞出，并检查死因，采取防治措施。

### （二）工具与材料

（1）笔、笔记本。

（2）可以录像、拍照的设备。

（3）盆、网兜、饲料、防水服、石灰等。

## 训练任务

### （一）任务安排

分组，以学习小组进行成年鲢鱼的放养密度计算、搭配饲料、捕捞及池塘消毒等。在实践过程中，组内合作，组间交流，老师点评和总结。

（二）任务要求

（1）提前熟悉相关知识。

（2）掌握成年鲢鱼的饲养技术，重点掌握成年鲢鱼的放养密度计算、搭配饲料、捕捞及池塘消毒等。

## 思考与练习

（1）如何计算出鲢鱼放养的密度?

（2）成年鲢鱼如何进行饲料搭配?如何捕捞?

（3）消毒池塘用的消毒液一般有哪些?

## 考核评价

成年鲢鱼饲养技术学习和实操任务考核评价内容及评分标准见表4-3。

表4-3　成年鲢鱼饲养技术学习和实操任务考核评价表

| 考核项目 | 内容 | 分值 | 得分 |
|---|---|---|---|
| 技能操作（以小组为单位考核）（50分） | 了解当地淡水养殖产业现状及意义 | 10 | |
| | 成年鲢鱼的放养密度计算 | 15 | |
| | 成年鲢鱼的饲料搭配 | 15 | |
| | 成年鲢鱼的捕捞、池塘消毒 | 10 | |
| 学习成效（25分） | 拓展作业 | 5 | |
| | 实习小结 | 5 | |
| | 物候期实习记录表 | 5 | |
| | 实习总结 | 5 | |
| | 小组总结 | 5 | |

续表

| 考核项目 | 内容 | 分值 | 得分 |
|---|---|---|---|
| 思想素质（25分） | 安全规范生产 | 5 | |
| | 纪律出勤 | 5 | |
| | 情感态度 | 5 | |
| | 团结协作 | 5 | |
| | 创新思维（主动发现问题、解决问题） | 5 | |
| 合计 | | 100 | |
| 评价人员签字 | 1. 任课教师：　2. 实习指导教师：<br>3. 专业带头人：　4. 园区（企业或行业）技术员： | | |

备注：严禁损坏场区财物及产品，如有损毁，视情节和态度扣除个人成绩20～40分，小组成员同时扣除安全生产及团结协作成绩，情节严重的将按照相关处理办法进行违纪处理。

# 任务四　鲢鱼常见疾病及其防治

## 任务目标

### 知识目标

（1）掌握鲢鱼常见疾病的症状。

（2）掌握鲢鱼常见病原鳃霉、打印病、指环虫病、鲢鱼双线绦虫病的防治对策。

### 能力目标

（1）能够通过鲢鱼发病的症状判断疾病类型。

（2）能够进行鲢鱼常见病原鳃霉、打印病、指环虫病、鲢鱼双线绦虫病的防治。

## 任务准备

### （一）知识要点

鲢鱼疾病防治主要以预防为主，防、治结合。可以按照以下几点进行防治：一是防止鱼体受伤；二是鱼苗鱼种入塘前消毒，用2.0%的盐水浸洗5～10分钟进行消毒；三是定期消毒，每月用漂白粉或硫酸铜、硫酸亚铁合剂挂袋法进行食场消毒；四是定期使用微生物制剂调控水质，提高鱼体免疫力；五是死鱼应及时捞出，深埋，病鱼隔离治疗。鲢鱼的疾病种类较多，表4-4列举了几种常见鲢鱼疾病及其防治对策。

表4-4　鲢鱼常见疾病及其防治对策

| 鱼病名称 | 病因及症状 | 防治对策 |
| --- | --- | --- |
| 病原鳃霉 | 不摄食，游动迟缓，鳃部呈充血和出血状，鳃瓣有点充血，失去正常的鲜红色而呈粉红色或苍白色，严重者鳃丝坏死，影响呼吸功能，以致死亡 | 1. 彻底清塘消毒，30毫克/升的生石灰全池泼洒，保持水质清洁；<br>2. 使用腐熟有机肥培水；<br>3. 加注新水，捞出病死鱼；<br>4. 采用红莲子、桔梗、桑叶、香茶菜、艾叶、葎草、南瓜子粉、赖氨酸、番茄红素、纳豆菌熬制汁液混于饲料的方法进行防治 |
| 打印病 | 嗜水气单胞菌及温和气单胞菌引起鱼体表有近似圆形红斑，病灶处鳞片脱落，最后形成溃疡甚至露出骨骼或内脏 | 1. 鱼苗消毒后投放；<br>2. 使用腐熟有机肥培水；<br>3. 外用消毒：菌毒清0.5毫克/升或二溴海因0.3毫克/升全池泼洒；<br>4. 注射金霉素（5000单位/千克鱼）；<br>5. 四环素软膏涂抹患处 |
| 指环虫病 | 指环虫引起的，病鱼鳃丝肿胀，黏液增多，呼吸困难 | 1. 90%晶体敌百虫0.3～0.7毫克/升全池泼洒；<br>2. 虫扫净按130～170毫升/亩全池泼洒，病情严重时可隔天再用一次 |
| 双线绦虫病 | 患病鲢鱼从外观看，腹部膨大，局部凸起。早春冰融后体质明显消瘦，腹部膨大更加明显，腹肌极薄，用力挤压腹部，裂头蚴可从胸鳍处钻出 | 1. 鱼苗培育前彻底清塘，培育地远离苍鹭、红嘴鸥、翠鸟等栖息地；<br>2. 投喂人工饵料，避免苗种吞食含钩球蚴饲料 |

### （二）工具与材料

（1）笔、笔记本。

（2）可以录像、拍照的设备。

（3）鲢鱼病鱼，盆、网兜、防水服、敌百虫、菌毒清、生石灰等。

## 训练任务

### （一）任务安排

分组，以学习小组进行鲢鱼的池塘水质、鱼种、密度、饲料使用及病原鳃霉、打印病、指环虫病、鲢鱼双线绦虫病的防治等。在实践过程中，组内合作，组间交流，老师点评和总结。

### （二）任务要求

（1）提前熟悉鲢鱼常见疾病及其治疗知识。

（2）掌握鲢鱼常见的疾病及治疗，重点是鲢鱼的池塘水质、鱼种、密度、饲料使用及病原鳃霉、打印病、指环虫病、鲢鱼双线绦虫病的防治措施。

## 思考与练习

（1）鲢鱼的常见疾病及防治手段有哪些?

（2）如何改善鲢鱼的水质?

## 考核评价

鲢鱼常见疾病及其防治学习和实操任务考核评价内容及评分标准见表4-5。

表4-5　鲢鱼常见疾病及其防治学习和实操任务考核评价表

| 考核项目 | 内容 | 分值 | 得分 |
|---|---|---|---|
| 技能操作（以小组为单位考核）（50分） | 了解当地淡水养殖产业现状及意义 | 10 | |
| | 掌握淡水养殖中鲢鱼的池塘水质、鱼种、密度、饲料使用及病原鳃霉、打印病、指环虫病、鲢鱼双线绦虫病的防治措施 | 40 | |
| 学习成效（25分） | 拓展作业 | 5 | |
| | 实习小结 | 5 | |
| | 物候期实习记录表 | 5 | |
| | 实习总结 | 5 | |
| | 小组总结 | 5 | |
| 思想素质（25分） | 安全规范生产 | 5 | |
| | 纪律出勤 | 5 | |
| | 情感态度 | 5 | |
| | 团结协作 | 5 | |
| | 创新思维（主动发现问题、解决问题） | 5 | |
| 合计 | | 100 | |
| 评价人员签字 | 1. 任课教师:　2. 实习指导教师:<br>3. 专业带头人:　4. 园区（企业或行业）技术员: | | |

备注：严禁损坏场区财物及产品，如有损毁，视情节和态度扣除个人成绩20～40分，小组成员同时扣除安全生产及团结协作成绩，情节严重的将按照相关处理办法进行违纪处理。

# 项目五 鳙鱼养殖技术

**项目目标**

1. 掌握淡水养殖生产的基础知识、生产流程、应用知识和注意事项。
2. 理解鳙鱼的生物学特性及生活习性。
3. 掌握鳙鱼的人工繁殖技术。
4. 掌握鳙鱼的养殖技术关键点。
5. 掌握鳙鱼常见的疾病诊断及防治方法。
6. 树立热爱农业、热爱家乡的情怀和服务“三农”的责任感；树立绿色发展、珍爱生命的理念；树立振兴淡水养殖产业的志向。

## 任务一 鳙鱼的生物学特性及生活习性

### 任务目标

知识目标

（1）了解鳙鱼的生物学特性。

（2）掌握鳙鱼的生活习性。

能力目标

（1）能够掌握鳙鱼的生物学特性。

（2）能够掌握鳙鱼的生活习性。

## 任务准备

### （一）知识要点

#### 1. 生物学特性

鳙鱼（*Aristichthys nobilis*）又称花鲢、胖头鱼，头甚大，似鲢。体侧扁，头极肥大。口大，端位，吻短，宽而圆。背鳍短，无硬刺。鳞小，侧线完全，鳃耙页状，细密但不联合。胸鳍长，末端远超过腹鳍基部。腹面从腹鳍至肛门具肉棱，胸鳍末端伸越腹鳍基底。咽齿齿冠光滑无纹。栖息于水的中上层区域，以浮游动物为食。体侧上半部灰黑色，腹部灰白，两侧杂有许多浅黄色及黑色的不规则小斑点（图5-1）。

图5-1　鳙鱼

#### 2. 生活习性

鳙鱼喜栖居于水体中上层，动作较迟缓，不喜跳跃，以浮游动物为主食，也食一些藻类。4龄以上达性成熟，可人工繁殖。最大体重35～50千克，为我国主要淡水鱼类养殖对象之一，分布于我国各大水系。在长江的干、支流中，每年4～7月份降雨后水位上涨、水温18℃以上，开始产卵繁殖，鱼卵受精后顺水漂流发育，孵化成鱼苗。在自然条件下，鳙鱼性成熟与年龄有关，珠江流域为3～4年，长江流域为4～5年，鳙鱼的相对怀卵量在110～160粒/克体重之间，绝对怀卵量随着体重的增加而增多。

### （二）工具与材料

（1）笔、笔记本。

（2）可以录像、拍照的设备。

（3）鳙鱼，盆、网兜、渔网等。

## 训练任务

### （一）任务安排

分组，以学习小组进行分组观察鳙鱼的行为特征并记录。在观察过程中，组内讨论，组间交流，老师点评和总结。

### （二）任务要求

（1）提前熟悉相关知识。

（2）掌握鳙鱼生物学特性及生活习性。

## 思考与练习

（1）鳙鱼的生物学特性是什么？

（2）鳙鱼的生活习性有哪些？

## 考核评价

鳙鱼的生物学特性及生活习性学习和实操任务考核评价内容及评分标准见表5-1。

表5-1　鳙鱼的生物学特性及生活习性学习和实操任务考核评价表

| 考核项目 | 内容 | 分值 | 得分 |
| --- | --- | --- | --- |
| 技能操作（以小组为单位考核）（50分） | 了解当地淡水养殖产业现状及意义 | 10 | |
| | 掌握淡水养殖中鳙鱼的行为学特性有哪些? | 20 | |
| | 掌握淡水养殖中鳙鱼的生物学特性有哪些? | 20 | |
| 学习成效（25分） | 拓展作业 | 5 | |
| | 实习小结 | 5 | |
| | 物候期实习记录表 | 5 | |
| | 实习总结 | 5 | |
| | 小组总结 | 5 | |
| 思想素质（25分） | 安全规范生产 | 5 | |
| | 纪律出勤 | 5 | |
| | 情感态度 | 5 | |
| | 团结协作 | 5 | |
| | 创新思维（主动发现问题、解决问题） | 5 | |
| 合计 | | 100 | |
| 评价人员签字 | 1. 任课教师:　　2. 实习指导教师:<br>3. 专业带头人:　　4. 园区（企业或行业）技术员: | | |

备注：严禁损坏场区财物及产品，如有损毁，视情节和态度扣除个人成绩20～40分，小组成员同时扣除安全生产及团结协作成绩，情节严重的将按照相关处理办法进行违纪处理。

# 任务二　鳙鱼人工繁殖技术

## 任务目标

### 知识目标

（1）掌握鳙鱼的亲鱼选择知识。

（2）掌握鳙鱼亲鱼的人工催产知识。

（3）掌握鳙鱼的亲鱼产卵与孵化知识。

## 能力目标

（1）能够根据鳙鱼的生长发育特征完成亲鱼选择。

（2）能够根据鳙鱼的生长发育特征完成亲鱼的人工催产。

（3）能够根据鳙鱼的生长发育特征完成亲鱼的产卵与孵化。

# 任务准备

## （一）知识要点

### 1. 亲鱼培育

无论养殖或天然生长的鳙鱼，只要达到性成熟年龄，个体大、生长良好且无伤病，均可作为亲鱼。亲鱼培育通常要求水源、水质良好，开阔向阳，水域面积200～500平方米，水深2.5米左右为宜。放养密度可以考虑30～50尾/亩，雌雄比为1∶1～1∶3。

### 2. 亲鱼选择

鳙鱼亲鱼选择可参考鲢鱼亲鱼选择。鳙鱼自然繁殖雌雄比可以为1∶3甚至更高些，人工催产的雌雄比可以为1∶1～1∶1.5，1尾雄鱼可以完成2～3尾雌鱼鱼卵受精。

### 3. 催产

鳙鱼催产水温为18℃，最佳水温为22～26℃。催产剂注射1～2次，一次性注射是全剂量，两次注射则是第一次注射全量的六分之一，经过8小时左右，第二次注射余量。每次注射，药液以2毫升为宜。其余条件参照鲢鱼催产。

人工挤卵受精后，将受精卵放入孵化工具内，孵化水温、水质良好、溶解氧充足，促进受精卵翻动但不宜过于剧烈，经过几天孵化后出膜。孵出3～5天后，鱼苗鳔已充气，卵黄囊基本消失，能开口主动摄食时，即可出苗（图5-2）。

图5-2　鳙鱼鱼苗

### （二）工具与材料

（1）笔、笔记本。

（2）可以录像、拍照的设备。

（3）鳙鱼亲鱼，盆、网兜、催产药物、生理盐水、毛巾等。

## 训练任务

### （一）任务安排

分组，以学习小组进行分组进行亲鱼选择和培育，并对亲鱼进行催产、产卵与孵化等。在实践过程中，组内讨论，组间交流，老师点评和总结。

### （二）任务要求

（1）提前熟悉鳙鱼人工繁殖知识。

（2）掌握鳙鱼的人工繁殖技术，重点掌握依据亲鱼的成熟特征进行亲鱼的选择和培育、催产和产卵与孵化等。

## 思考与练习

（1）如何选择鳙鱼的亲鱼?

（2）鳙鱼繁殖技术包括哪些内容?

## 考核评价

鳙鱼人工繁殖技术学习和实操任务考核评价内容及评分标准见表5-2。

表5-2　鳙鱼人工繁殖技术学习和实操任务考核评价表

| 考核项目 | 内容 | 分值 | 得分 |
|---|---|---|---|
| 技能操作（以小组为单位考核）（50分） | 了解当地淡水养殖产业现状及意义 | 10 | |
| | 根据鳙鱼的生长发育特征完成亲鱼选择 | 20 | |
| | 根据鳙鱼的生长发育特征完成亲鱼的催产、产卵与孵化 | 20 | |
| 学习成效（25分） | 拓展作业 | 5 | |
| | 实习小结 | 5 | |
| | 物候期实习记录表 | 5 | |
| | 实习总结 | 5 | |
| | 小组总结 | 5 | |
| 思想素质（25分） | 安全规范生产 | 5 | |
| | 纪律出勤 | 5 | |
| | 情感态度 | 5 | |
| | 团结协作 | 5 | |
| | 创新思维（主动发现问题、解决问题） | 5 | |
| 合计 | | 100 | |
| 评价人员签字 | 1. 任课教师:　　2. 实习指导教师:<br>3. 专业带头人:　　4. 园区（企业或行业）技术员: | | |

备注：严禁损坏场区财物及产品，如有损毁，视情节和态度扣除个人成绩20～40分，小组成员同时扣除安全生产及团结协作成绩，情节严重的将按照相关处理办法进行违纪处理。

# 任务三　成年鳙鱼饲养技术

## 任务目标

### 知识目标

掌握成年鳙鱼的饲养知识。

### 能力目标

能够进行成年鳙鱼的饲养管理、捕捞等。

## 任务准备

### （一）知识要点

鳙鱼养殖池塘大小均可，以水面较大为佳，池水水深2米及以上均可，采用有机肥肥水，透明度控制在20～25厘米深，每半月注、排水量20～30厘米深。鱼种投放以体质健壮、无损伤、无疾病、规格整齐为宜，放养前必须先进行消毒（高锰酸钾等）、调温（±3℃），每3亩配备增氧机1台，溶解氧不低于4毫克/升。饲养过程中要做到建档管理、定期巡塘、及时应对浮头死鱼、定期调节水质、科学调整饲料营养搭配等，确保养殖条件适宜鳙鱼健康生长（图5-3）。

图5-3　鳙鱼养殖池塘

### （二）工具与材料

（1）笔、笔记本。

（2）可以录像、拍照的设备。

（3）盆、网兜、饲料、防水服、高锰酸钾等。

## 训练任务

### （一）任务安排

分组，以学习小组进行成年鳙鱼的放养密度计算、搭配饲料、捕捞及池塘消毒等。在实践过程中，组内合作，组间交流，老师点评和总结。

### （二）任务要求

（1）提前熟悉成年鳙鱼饲养知识。

（2）掌握成年鳙鱼饲养技术，重点掌握成年鳙鱼的放养密度计算、搭配饲料、捕捞及池塘消毒等。

## 思考与练习

（1）鳙鱼的放养方法是什么？

（2）如何选择鳙鱼的饲料搭配方式？

（3）如何进行鳙鱼成鱼捕捞？

## 考核评价

成年鳙鱼饲养技术考核评价内容及评分标准见表5-3。

表5-3　成年鳙鱼饲养技术学习和实操任务考核评价表

| 考核项目 | 内容 | 分值 | 得分 |
|---|---|---|---|
| 技能操作（以小组为单位考核）（50分） | 了解当地淡水养殖产业现状及意义 | 10 | |
| | 成年鳙鱼的放养密度计算 | 15 | |
| | 成年鳙鱼的饲料搭配 | 15 | |
| | 成年鳙鱼的捕捞、池塘消毒 | 10 | |
| 学习成效（25分） | 拓展作业 | 5 | |
| | 实习小结 | 5 | |
| | 物候期实习记录表 | 5 | |
| | 实习总结 | 5 | |
| | 小组总结 | 5 | |
| 思想素质（25分） | 安全规范生产 | 5 | |
| | 纪律出勤 | 5 | |
| | 情感态度 | 5 | |
| | 团结协作 | 5 | |
| | 创新思维（主动发现问题、解决问题） | 5 | |
| 合计 | | 100 | |
| 评价人员签字 | 1. 任课教师：　2. 实习指导教师：<br>3. 专业带头人：　4. 园区（企业或行业）技术员： | | |

备注：严禁损坏场区财物及产品，如有损毁，视情节和态度扣除个人成绩20～40分，小组成员同时扣除安全生产及团结协作成绩，情节严重的将按照相关处理办法进行违纪处理。

# 任务四　鳙鱼常见疾病及其治疗

## 任务目标

### 知识目标

（1）掌握鳙鱼常见疾病的症状。

（2）掌握鳙鱼常见病原鳃霉、打印病、指环虫病、鳙鱼双线绦虫病的防治对策。

能力目标

（1）能够依据鳙鱼发病的症状判断疾病类型。

（2）能够进行鳙鱼常见病细菌性烂鳃病、赤皮病、疖疮病、细菌性败血症的防治。

## 任务准备

（一）知识要点

每年4月下旬到5月上旬是气候转暖的时期，水温、气温都开始快速上升。气温往往高于水温，此期鱼类的新陈代谢速度开始加快，生长旺盛，是鱼病暴发的第1个高峰期，要预防烂腮病、车轮虫、中华鳋病、水霉病等。每年8月下旬到9月上旬，气温、水温开始下降，鱼类的新陈代谢速度开始下降，生长缓慢，是病原体的繁衍高峰，也是鱼病发病的第2个高峰期，此期要预防烂鳃病、车轮虫、细菌性肠炎、指环虫等。以下介绍几种鳙鱼常见疾病及其治疗方法。

1. 细菌性烂鳃病

（1）临床症状　患病鱼游动缓慢，反应迟钝，不集群，食欲减退，易到水域上层游动；体色发黑，鳃盖骨的内表皮往往充血、发炎、糜烂；鳃丝肿胀、腐烂，呈白鳃或花鳃状（图5-4）。

图5-4　细菌性烂鳃病

（2）治疗　20%二氧化氯，每亩100～125克全池泼洒，10%氟苯尼考粉拌和在饲料中，用量0.1～0.15克/千克鱼体重，连续投喂4～6天。

### 2. 赤皮病

赤皮病是由荧光假单胞菌引起的一种常见细菌性鱼类疾病，流行水温20～28℃。病鱼皮肤充血、出血、发炎，鳍条末端腐烂，成“蛀鳍”，病变处常常感染水霉病。可采用10%戊二醛溶液，200毫升/亩全池泼洒，10%的诺氟沙星粉拌和在饲料中投喂，用量0.2克/千克鱼体重，连续投喂3天。

### 3. 疖疮病

疖疮病一年四季均可发生，病原为疖疮型点状气单胞菌，对鳙鱼等鱼类造成的危害较大。患病鱼类常背部隆起，肌肉失去弹性，严重时病灶发炎、出血，甚至溃烂。治疗可以参考如下方法：溴氯海因0.5～1毫升/立方米水全池泼洒，10%氟苯尼考粉拌和在饲料中，用量0.1～0.15克/千克鱼体重，连续投喂3～5天。

### 4. 细菌性败血症

细菌性败血症发病率高、死亡率高，流行季节较长。患病鱼腹部肿胀，肛门红肿，体表充血，内脏有不同程度的肿大、充血及出血。治疗以1毫升/立方米聚维酮碘全池泼洒，连用2天，第3天起分别用维生素、三黄散、诺氟沙星制成药饵，用量5～8克/千克鱼体重，拌和在饲料中，连续投喂5～7天。也可采用中药方法进行治疗，配方参考五倍子提取液28%～36%、黄连提取液22%～30%、黄芩提取液20%～28%、$\beta$-环糊精8%～15%、恩诺沙星1%～5%、维生素1%～3%。

## （二）工具与材料

（1）笔、笔记本。

（2）可以录像、拍照的设备。

（3）鳙鱼病鱼，盆、网兜、防水服、氟苯尼考、诺氟沙星菌毒清、维生素、三黄散等。

## 训练任务

### （一）任务安排

分组，以学习小组进行鳙鱼的池塘水质、鱼种、密度、饲料使用，以及细菌性烂鳃病、赤皮病、疖疮病、细菌性败血症的防治等。在实践过程中，组内合作，组间交流，老师点评和总结。

### （二）任务要求

（1）熟悉鳙鱼常见疾病及其治疗知识。

（2）掌握鳙鱼常见的疾病及其治疗方法，重点掌握鳙鱼的池塘水质、鱼种、密度、饲料使用，以及细菌性烂鳃病、赤皮病、疖疮病、细菌性败血症的防治措施。

## 思考与练习

鳙鱼的常见疾病有哪些？如何防治？

## 考核评价

鳙鱼常见疾病及其治疗学习和实操任务考核评价内容及评分标准见表5-4。

表5-4　鳙鱼常见疾病及其治疗学习和实操任务考核评价表

| 考核项目 | 内容 | 分值 | 得分 |
|---|---|---|---|
| 技能操作（以小组为单位考核）（50分） | 了解当地淡水养殖产业现状及意义 | 10 | |
| | 掌握淡水养殖中鳙鱼的池塘水质、鱼种、密度、饲料使用，以及细菌性烂鳃病、赤皮病、疖疮病、细菌性败血症的防治措施 | 40 | |
| 学习成效（25分） | 拓展作业 | 5 | |
| | 实习小结 | 5 | |
| | 物候期实习记录表 | 5 | |

续表

| 考核项目 | 内容 | 分值 | 得分 |
| --- | --- | --- | --- |
| 学习成效（25分） | 实习总结 | 5 | |
| | 小组总结 | 5 | |
| 思想素质（25分） | 安全规范生产 | 5 | |
| | 纪律出勤 | 5 | |
| | 情感态度 | 5 | |
| | 团结协作 | 5 | |
| | 创新思维（主动发现问题、解决问题） | 5 | |
| 合计 | | 100 | |
| 评价人员签字 | 1. 任课教师：<br>2. 实习指导教师：<br>3. 专业带头人：<br>4. 园区（企业或行业）技术员： | | |

备注：严禁损坏场区财物及产品，如有损毁，视情节和态度扣除个人成绩20～40分，小组成员同时扣除安全生产及团结协作成绩，情节严重的将按照相关处理办法进行违纪处理。

# 项目六　鲤鱼养殖技术

**项目目标**

1. 掌握淡水养殖生产的基础知识、生产流程、应用知识和注意事项。
2. 理解鲤鱼的生物学特性及生活习性。
3. 掌握鲤鱼的人工繁殖技术。
4. 掌握鲤鱼的养殖技术关键点。
5. 掌握鲤鱼常见的疾病诊断及防治方法。
6. 树立热爱农业、热爱家乡的情怀和服务“三农”的责任感；树立绿色发展、珍爱生命的理念；树立振兴淡水养殖产业的志向。

## 任务一　鲤鱼的生物学特性及生活习性

### 任务目标

知识目标

（1）了解鲤鱼的生物学特性。

（2）了解鲤鱼的生活习性。

能力目标

（1）能够掌握鲤鱼的生物学特性。

（2）能够掌握鲤鱼的生活习性。

# 任务准备

## （一）知识要点

### 1. 生物学特性

鲤鱼（*Cyprinus carpio*）属硬骨鱼纲、鲤科、鲤属，俗名鲤拐子等。体长而扁，腹部圆，背部隆起。头较小，口下位或者亚下位，呈马蹄形，上颌盖着下颌。须2对，前须长约为后须长的一半。眼中等大小，位于头侧上方，鳃耙呈三角形，短而稀疏。背鳍、臀鳍均具硬刺，最后一硬刺的后缘具锯齿。侧线鳞34～40片。鳃耙外侧18～24条。体色多呈青黄色，尾鳍下叶红色（图6-1）。

### 2. 生活习性

鲤鱼是一种中型鱼类，常常栖息于水体底层松软底质，也喜欢在水草丛生的区域活动。鲤鱼为杂食性鱼类，主要摄食底栖动物，也取食一定的高等植物、藻类。繁殖温度在16～18℃，产卵季节在南方和北方有所不同，南方地区产卵盛期为2月～3月、长江流域为3月～4月、黄河流域为4月～5月、东北地区为5月～6月。产卵期一般可持续2个月左右。鲤鱼产黏性卵，附着在水草等上，在静水中即可完成繁殖，受精卵在25℃时，4天便可孵出鱼苗。鲤鱼因能耐寒、耐碱、耐缺氧等而适应性强，为广布性鱼类，个体大，生长较快，为淡水鱼中总产最高的一种。

图6-1　鲤鱼

我国养殖鲤鱼已有2500余年历史，由于地理分布不同，经过长期的人工选择和自然选择，鲤鱼发生类群差别，已有许多养殖品种，红鲤、团鲤、镜鲤、散鳞镜鲤、丰鲤、荷包红鲤、兴国红鲤、万安玻璃红鲤、松荷鲤、芙蓉鲤、锦鲤、元江鲤、丰鲤都是鲤鱼的变种。

### （二）工具与材料

（1）笔、笔记本。

（2）可以录像、拍照的设备。

（3）鲤鱼，盆、网兜、渔网等。

## 训练任务

### （一）任务安排

分组，以学习小组进行分组观察鲤鱼的行为特征并记录等。在观察过程中，组内讨论，组间交流，老师点评和总结。

### （二）任务要求

（1）熟悉鲤鱼生物学特性及生活习性知识。

（2）重点掌握鲤鱼生物学特性及生活习性。

## 思考与练习

（1）鲤鱼的生物学特性有哪些?

（2）鲤鱼的生活习性包括哪些?

## 考核评价

鲤鱼生物学特性及生活习性学习和实操任务考核评价内容及评分标准见表6-1。

表6-1　鲤鱼生物学特性及生活习性学习和实操任务考核评价表

| 考核项目 | 内容 | 分值 | 得分 |
|---|---|---|---|
| 技能操作（以小组为单位考核）（50分） | 了解当地淡水养殖产业现状及意义 | 10 | |
| | 掌握淡水养殖中鲤鱼的行为学特性 | 20 | |
| | 掌握淡水养殖中鲤鱼的生物学特性 | 20 | |
| 学习成效（25分） | 拓展作业 | 5 | |
| | 实习小结 | 5 | |
| | 物候期实习记录表 | 5 | |
| | 实习总结 | 5 | |
| | 小组总结 | 5 | |
| 思想素质（25分） | 安全规范生产 | 5 | |
| | 纪律出勤 | 5 | |
| | 情感态度 | 5 | |
| | 团结协作 | 5 | |
| | 创新思维（主动发现问题、解决问题） | 5 | |
| 合计 | | 100 | |
| 评价人员签字 | 1. 任课教师：　2. 实习指导教师：<br>3. 专业带头人：　4. 园区（企业或行业）技术员： | | |

备注：严禁损坏场区财物及产品，如有损毁，视情节和态度扣除个人成绩20～40分，小组成员同时扣除安全生产及团结协作成绩，情节严重的将按照相关处理办法进行违纪处理。

# 任务二　鲤鱼人工繁殖技术

## 任务目标

### 知识目标

（1）理解鲤鱼的发育周期。

（2）掌握鲤鱼亲鱼的雌雄性鉴别方法。

（3）掌握鲤鱼的亲鱼产卵与孵化。

能力目标

（1）能够根据鲤鱼的生长发育特征掌握其发育周期。

（2）能够根据鲤鱼的生长发育特征完成亲鱼的雌性鉴别。

（3）能够根据鲤鱼的生长发育特征完成亲鱼的产卵与孵化。

## 任务准备

### （一）知识要点

#### 1. 鲤鱼发育周期

一般雌鲤鱼2龄、雄鲤鱼1龄以上达性成熟。一般3月～5月为其性腺成熟和产卵的时期。产卵后的第Ⅵ期卵巢到7月份吸收退化到第Ⅱ期，此后逐渐发育到11月份进入第Ⅳ期，并以此期越冬，第二年3月～4月份遇到适宜的环境条件，卵巢即迅速成熟，很快由第Ⅳ期发展到第Ⅴ期。性成熟的雄鲤鱼繁殖后精巢退化到第Ⅲ期，8月～9月进入第Ⅳ期，12月进入第Ⅴ期，并以此期越冬。

#### 2. 雌雄鉴别

（1）雌鲤鱼（图6-2） 体形：背高、体宽、头小。胸腹鳍：光滑，没有或很少有突起点状追。腹部：成熟时膨大松软，外观饱满。生殖孔：较大，略红肿，凸出。

（2）雄鲤鱼（图6-2） 体形：体狭长，头较大。胸腹鳍：生殖季节胸、腹

图6-2 雄鲤鱼（上）和雌鲤鱼（下）

鳍及鳃盖有突起点状追星。腹部：狭小而略硬，成熟时轻压后腹部有精液流出。生殖孔：较小，略向内凹。

3. 自然产卵受精

（1）繁殖场地选择　鲤鱼产卵条件并不复杂，通常产卵池以0.5～1亩、水深1.5米以上为宜，要求水质良好，向阳，通风尤佳。孵化池可以在原来饲养亲鱼产卵池塘，但是会损失一部分受精卵，鱼苗在其中孵出后，就地进行饲养。

（2）人工繁殖　通过人工催产和人工授精，可以促使卵子成熟，产卵多，出苗整齐。鲤鱼催产药品包括脑垂体、绒毛膜激素及类似物等。雌鱼的注射剂量垂体4～10毫克/千克（或绒毛膜激素1500～2000毫克/千克或释放激素类似物35～100微克/千克），也可几种激素混合使用。雄鱼的剂量为雌鱼的一半，均采用一次注射法。注射液的配制和注射方法与其他家鱼相同。催产一般在下午进行，注射完后将亲鱼放入产卵池流水刺激，放入鱼巢、胶丝等，一般当晚或次日清晨就能产卵，如遇到降雨，产卵效果更佳。

4. 孵化

（1）池塘孵化　池塘孵化可避免亲鱼摄食鱼卵，也可减少鱼苗转塘的损失。将粘有鱼卵的鱼巢放入孵化池，每亩水面可放25万～30万粒卵，鱼苗刚孵出时，不可立即将鱼巢取出，此时鱼苗大部分时间附着在鱼巢上，靠卵黄囊提供营养，5～7天鱼苗可以主动游泳觅食（图6-3）。

图6-3　鲤鱼鱼苗

（2）脱黏流水孵化　鲤鱼产的黏性卵在人工授精后，黏附性极强，容易结块、成团，导致部分缺氧死亡，脱去受精卵黏性即可采用家鱼的孵化设备进行流水孵化。常见脱黏方法有泥浆脱黏和滑石粉脱黏。

### （二）工具与材料

（1）笔、笔记本。

（2）可以录像、拍照的设备。

（3）鲤鱼亲鱼，盆、网兜、催产药物、生理盐水、毛巾等。

## 训练任务

### （一）任务安排

分组，以学习小组进行分组对亲鱼进行雌性鉴别催产、产卵与孵化等。在实践过程中，组内讨论，组间交流，老师点评和总结。

### （二）任务要求

（1）熟悉鲤鱼人工繁殖知识。

（2）掌握鲤鱼人工繁殖技术，重点是依据亲鱼的成熟特征进行亲鱼的雌性鉴别、催产和产卵与孵化等。

## 思考与练习

（1）如何鉴别鲤鱼的雄雌？

（2）鲤鱼的繁殖措施有哪些？

## 考核评价

鲤鱼人工繁殖技术学习和实操任务考核评价内容及评分标准见表6-2。

表6-2 鲤鱼人工繁殖技术学习和实操任务考核评价表

| 考核项目 | 内容 | 分值 | 得分 |
|---|---|---|---|
| 技能操作（以小组为单位考核）（50份） | 了解当地淡水养殖产业现状及意义 | 10 | |
| | 理解鲤鱼的发育周期；掌握鲤鱼亲鱼的雌性鉴别方法 | 20 | |
| | 根据鲤鱼的生长发育特征完成亲鱼的催产、产卵与孵化 | 20 | |
| 学习成效（25份） | 拓展作业 | 5 | |
| | 实习小结 | 5 | |
| | 物候期实习记录表 | 5 | |
| | 实习总结 | 5 | |
| | 小组总结 | 5 | |
| 思想素质（25份） | 安全规范生产 | 5 | |
| | 纪律出勤 | 5 | |
| | 情感态度 | 5 | |
| | 团结协作 | 5 | |
| | 创新思维（主动发现问题、解决问题） | 5 | |
| 合计 | | 100 | |
| 评价人员签字 | 1．任课教师：　2．实习指导教师：<br>3．专业带头人：　4．园区（企业或行业）技术员： | | |

备注：严禁损坏场区财物及产品，如有损毁，视情节和态度扣除个人成绩20～40分，小组成员同时扣除安全生产及团结协作成绩，情节严重的将按照相关处理办法进行违纪处理。

# 任务三 成年鲤鱼饲养技术

## 任务目标

### 知识目标

掌握成年鲤鱼饲养技术。

### 能力目标

能够进行成年鲤鱼的饲养管理、捕捞等。

## 任务准备

### （一）知识要点

**1. 养殖模式选择**

（1）单养法　该法对养殖面积没有严格限制，以2～4亩水深1～1.5米为例，经消毒的池塘，放夏花鱼种3000～6000尾/亩，投喂配合饲料或豆饼、蚕蛹等，要求饲料蛋白质在35%以上，每天4～10次，总投饵量为鱼总重的5%～8%。

（2）混养法　该法将鲤鱼夏花与其他鱼种混养，可以鲤鱼为主或为辅。若以鲤鱼为主，则应加强饲料投喂；若以鲤鱼为辅，则鲤鱼宜少放，因其抢食能力强，容易导致其他鱼类生长受到限制。

**2. 饲养管理**

（1）鱼苗开口越早、生长起点越早，生长就越好，应力求尽早平稳过渡到用全价配合饲料投喂。

（2）狠抓生长快速阶段，寸片（3～3.5厘米）到25～30厘米时间内生长特别快，体长体重增长快，需要的饲料也较多，此时应加强投喂，有些养殖者此期投饵率超过10%。

（3）坚持定质、定时、定位、定量的“四定”原则，合理投喂。

（4）强化早、中、晚“三巡四查”，及时把握气候、鱼情、病情，同时定期注水，做好防洪、防逃。

### （二）工具与材料

（1）笔、笔记本。

（2）可以录像、拍照的设备。

（3）盆、网兜、饲料、防水服等。

## 训练任务

### （一）任务安排

分组，以学习小组进行成年鲤鱼的放养饲养模式选择、饲料搭配、捕捞等工作。在实践过程中，组内合作，组间交流，老师点评和总结。

### （二）任务要求

（1）熟悉成年鲤鱼饲养知识。

（2）掌握成年鲤鱼饲养技术，重点掌握成年鲤鱼的放养饲养模式选择、饲料搭配、捕捞等。

## 思考与练习

（1）成年鲤鱼放养模式有哪些？效果如何？

（2）如何进行成年鲤鱼的养殖？

## 考核评价

成年鲤鱼饲养技术学习考核评价内容及评分标准见表6-3。

表6-3　成年鲤鱼饲养技术学习和实操任务考核评价表

| 考核项目 | 内容 | 分值 | 得分 |
|---|---|---|---|
| 技能操作（以小组为单位考核）（50分） | 了解当地淡水养殖产业现状及意义 | 10 | |
| | 掌握成年鲤鱼的放养模式选择 | 15 | |
| | 掌握成年鲤鱼的饲料搭配 | 15 | |
| | 掌握成年鲤鱼的捕捞技术 | 10 | |
| 学习成效（25分） | 拓展作业 | 5 | |
| | 实习小结 | 5 | |

续表

| 考核项目 | 内容 | 分值 | 得分 |
|---|---|---|---|
| 学习成效（25分） | 物候期实习记录表 | 5 | |
| | 实习总结 | 5 | |
| | 小组总结 | 5 | |
| 思想素质（25分） | 安全规范生产 | 5 | |
| | 纪律出勤 | 5 | |
| | 情感态度 | 5 | |
| | 团结协作 | 5 | |
| | 创新思维（主动发现问题、解决问题） | 5 | |
| 合计 | | 100 | |
| 评价人员签字 | 1. 任课教师：　2. 实习指导教师：<br>3. 专业带头人：　4. 园区（企业或行业）技术员： | | |

备注：严禁损坏场区财物及产品，如有损毁，视情节和态度扣除个人成绩20～40分，小组成员同时扣除安全生产及团结协作成绩，情节严重的将按照相关处理办法进行违纪处理。

# 任务四　鲤鱼常见疾病及其治疗

## 任务目标

### 知识目标

（1）掌握鲤鱼常见疾病的症状。

（2）掌握鲤鱼常见真菌性、细菌性、原生动物引起的疾病的防治对策。

### 能力目标

（1）能够通过鲤鱼发病的症状判断疾病类型。

（2）能够进行鲤鱼常见真菌性、细菌性、原生动物引起的疾病的防治。

## 任务准备

### （一）知识要点

#### 1. 真菌性疾病

真菌性疾病主要是水霉病（肤霉病、白毛病）。患水霉病的原因，主要是捕捉、搬运时操作不小心擦伤皮肤，或因寄生虫破坏鳃和体表，或因水温过低冻伤皮肤，以致水霉的孢子侵入伤口而感染。15～25℃水温最流行，伤口3天左右就长成密集的菌丝体，感染数量很多时会导致病鱼的死亡。水霉病全年都可发病，秋末和早春是流行季节。从鱼卵到各龄鱼均可感染，当孵化水温低时，在鱼卵上极易发生水霉病。水霉病主要以预防为主，治疗主要以高锰酸钾等消毒和次甲基蓝等杀菌为主。

#### 2. 细菌性疾病

（1）出血病　出血病病鱼皮肤发炎充血，以眼眶四周、鳃盖、腹部、尾柄等处较常见，病鱼鳞片通常完整，没有脱落。患病者多为较大个体的鲤鱼，春末到初秋是流行季节，可引起鱼类大量死亡。水温20～30℃时最易流行，当温度降至10℃左右时此鱼病不再发生，可利用这个规律对病鱼进行温控治疗。

（2）竖鳞病（松鳞、立鳞）　主要危害个体较大的锦鲤，每年秋末至来年春季水温较低时是流行季节。病鱼体表粗糙，鳞片呈松球状，外观似竖立状，鳞囊水肿，内部积液或充血，挤压可喷射而出，严重时眼球突出，呼吸急促，甚至死亡。

细菌性疾病主要采用消毒杀菌的办法进行防治，采用高锰酸钾等进行池塘消毒，采用新霉素、卡那霉素、庆大霉素、头孢噻吩、头孢曲松和头孢他啶等拌和饲料进行消炎治疗。

#### 3. 原生动物引起的疾病

（1）口丝虫病（鱼波豆虫、白云病）　口丝虫病因口丝虫引起，口丝虫是一种寄生虫，常栖息于鱼类的皮肤与鳃部，数量少不会发病，数量较多可致鱼消瘦甚至死亡。口丝虫最适流行温度在2～30℃，水温在12～20℃时虫体开始繁殖，24～25℃、pH为4.5～5.8将大量繁殖。大量的寄生虫破坏鲤鱼鳃及皮肤组织，造成黏液分泌增多，形成白雾状的附着物，鲤鱼在移池后常发生，因此又称新水病。病鱼常游近水面呈现出浮头状，食欲减退，无精打采，缩尾夹鳍，群聚于池底角落，反应迟钝，逐渐失去平衡，横卧于池底，最后衰竭死亡。

（2）斜管虫病 鲤鱼饲养中以鲤鱼斜管虫（又称心形虫）最常见。此病多发生在小缸和水质较脏的水体，对幼鱼危害最大。斜管虫也是寄生虫，繁殖的水温为12～18℃，室外鱼池水温在25℃以上时通常不会发病。病鱼瘦弱，体色较深，体表有乳白色薄翳物质，严重时病鱼的鳍条不能充分伸展。斜管虫病原体寄生在体表和鳃上，破坏组织，使鱼呼吸困难，病鱼呈浮头状，即使换清水仍不能恢复正常，虫体大量繁殖可使鱼大量死亡。

寄生虫通常采用敌百虫进行驱虫治疗，也可采用中药治疗，南瓜子、槟榔、使君子、贯众、生甘草搭配煎熬，按照0.315毫升/立方米的用量标准连用3～5天，具有一定的疗效。

### （二）工具与材料

（1）笔、笔记本。

（2）可以录像、拍照的设备。

（3）鲤鱼病鱼，盆、网兜、防水服、高锰酸钾、霉素、卡那霉素、庆大霉素、敌百虫等。

## 训练任务

### （一）任务安排

分组，以学习小组进行鲤鱼的池塘水质、鱼种、密度、饲料使用及真菌性、细菌性、原生动物引起的疾病的防治等。在实践过程中，组内合作，组间交流，老师点评和总结。

### （二）任务要求

（1）熟悉鲤鱼常见疾病及其治疗知识。

（2）掌握鲤鱼常见的疾病诊断及其治疗方法，重点掌握鲤鱼的池塘水质、鱼种、密度、饲料使用及真菌性、细菌性、原生动物引起的疾病的防治措施。

## 思考与练习

鲤鱼常见疾病有哪些？如何防治？

## 考核评价

鲤鱼常见疾病及其治疗学习和实操任务考核评价内容及评分标准见表6-4。

表6-4　鲤鱼常见疾病及其治疗学习和实操任务考核评价表

| 考核项目 | 内容 | 分值 | 得分 |
| --- | --- | --- | --- |
| 技能操作（以小组为单位考核）（50分） | 了解当地淡水养殖产业现状及意义 | 10 | |
| | 掌握淡水养殖中鲤鱼的池塘水质、鱼种、密度、饲料使用及真菌性、细菌性、原生动物引起的疾病防治措施 | 40 | |
| 学习成效（25分） | 拓展作业 | 5 | |
| | 实习小结 | 5 | |
| | 物候期实习记录表 | 5 | |
| | 实习总结 | 5 | |
| | 小组总结 | 5 | |
| 思想素质（25分） | 安全规范生产 | 5 | |
| | 纪律出勤 | 5 | |
| | 情感态度 | 5 | |
| | 团结协作 | 5 | |
| | 创新思维（主动发现问题、解决问题） | 5 | |
| 合计 | | 100 | |
| 评价人员签字 | 1. 任课教师：　2. 实习指导教师：<br>3. 专业带头人：　4. 园区（企业或行业）技术员： | | |

备注：严禁损坏场区财物及产品，如有损毁，视情节和态度扣除个人成绩20～40分，小组成员同时扣除安全生产及团结协作成绩，情节严重的将按照相关处理办法进行违纪处理。

# 参考文献


[1] 北湾. 池塘鲢鱼双线绦虫病的防治 [J]. 农村科学实验，2012 (5)：35.

[2] 蔡周华，夏松，吴熙. 用于治疗水生动物寄生虫的中药组合物及其制备方法：CN111467418A [P]. 2020-07-31.

[3] 李池陶，徐伟，贾智英，等. 防治松浦镜鲤鱼卵水霉病药物的筛选 [J]. 水产学杂志，2011 (4)：37-39.

[4] 李天. 优质中华鳖苗种繁殖与培育技术 [J]. 科学养鱼，2008 (9)：6-7.

[5] 祁保霞，武迎红. 鱼类细菌性烂鳃病的防治技术 [J]. 畜牧兽医科技信息，2011 (2)：90-91.

[6] 孙学民. 一种治疗鲢鱼病原鳃霉的中药：CN106860677A [P]. 2015-12-11.

[7] 孙学民. 一种治疗鲢鱼双线绦虫病的中药：CN106860621A [P]. 2015-12-11.

[8] 汪三三，周瑞龙，王庆. 一种治疗甲鱼疖疮病的药物：CN104491022A [P]. 2015-04-08.

[9] 汪永洪. 草鱼细菌性赤皮病、烂鳃病、肠炎病的发生及防治措施 [J]. 安徽农学通报，2012，18 (8)：127；170.

[10] 王宏祥. 一种防治鲢鱼病原腮霉病的饲料添加剂：CN107821879A [P]. 2017-12-23.

[11] 张芬. 无公害中华鳖养殖规范流程 [J]. 农民致富之友，2017，16：248.

[12] 张露，周剑，刘光迅. 草鱼人工繁殖技术研究 [J]. 四川农业科技，2016 (7)：50-52.

[13] 郑万明，廖广成. 水霉病和赤皮病的发病原因及防治措施 [J]. 养殖技术顾问，2010 (5)：190.

[14] 左钢，杨辉. 流水孵化模式下鲤鲫鱼卵水霉病的成功防控实例 [J]. 水产养殖，2013，34 (11)：47.